鄂尔多斯盆地矿产资源共生现状及油气开发战略

周荔青　王付斌　董　淼　苗春光　著

图书在版编目（CIP）数据

鄂尔多斯盆地矿产资源共生现状及油气开发战略 / 周荔青等著.
—北京：中国石化出版社，2020.12
ISBN 978-7-5114-6116-2

Ⅰ.①鄂…　Ⅱ.①周…　Ⅲ.①鄂尔多斯盆地－矿物组合－研究
②鄂尔多斯盆地－油气田开发－研究　Ⅳ.①P571 ②TE3

中国版本图书馆 CIP 数据核字（2020）第 270456 号

中国石化出版社出版发行

地址：北京市东城区安定门外大街 58 号
邮编：100011　电话：(010) 57512500
发行部电话：(010) 57512575
http：//www.sinopec-press.com
E-mail：press@sinopec.com
北京富泰印刷有限责任公司印刷
全国各地新华书店经销

*

787×1092 毫米 16 开本 10 印张 201 千字
2021 年 6 月第 1 版　2021 年 6 月第 1 次印刷
定价：168.00 元

编委会

编写组

自 序

能源是关系国民经济和社会发展的全局性、战略性问题。进入 21 世纪以来，人类对于石油、天然气的依赖程度日益增强，富煤、贫油、少气是我国能源结构的显著特征。

近年来，我国以保障国家能源安全、促进生产力发展、满足人民群众需要为目标，不断加大对国内多个区域石油、天然气的勘探、开发力度，这其中就包括作为中国第二大盆地的鄂尔多斯盆地。

鄂尔多斯盆地位于我国中西部地区，在鄂尔多斯盆地的探明铀矿资源占全国的 24.5%，煤炭（埋藏 2000 米以浅）占全国的 33.6%，石油占全国的 12.4%，天然气占全国的 26.8%，且煤炭、油气产量均居全国大型盆地首位，鄂尔多斯盆地的矿产资源有力支撑了我国国民经济的快速发展。但由于上述资源叠置发育情况突出，在开发过程中普遍存在着统筹规划不足、环境保护政策和措施不力、协调开发技术缺失、管理体制机制存在缺陷等问题。

为促进鄂尔多斯盆地多种矿产的安全、有序开发，并为类似共生矿产勘探、开发提供思路，《鄂尔多斯盆地矿产资源共生现状及油气开发战略》一书应运而生。

本书从鄂尔多斯盆地自然环境、地质条件概况，铀、煤炭、天然气等多种矿产资源分布特征，共生矿产组合类型及形成条件，油气勘探开发常用工程工艺技术及环境保护，油气与煤炭不同开发模式及优化方案，以及油气藏叠置区开发建议六项内容着手，有针对性地提出了鄂尔多斯盆地油气与其他主要矿产资源协调开发对策，对如何安全、高效开发该地区多种矿产资源具有指导作用。

前言

鄂尔多斯盆地是我国重要的多种矿产资源共存盆地之一，盆地内赋存丰富的煤炭、天然气、石油、铀、煤层气、铝土、褐铁矿、高岭土、盐岩等矿产资源，是我国重要的矿产资源基地。

据自然资源部和国家原子能机构数据可知，鄂尔多斯盆地能源矿产资源总量居全国大型盆地之首，天然气、煤炭、煤层气资源量在大型盆地中均居第一位。天然气地质资源量约为 $15.16\times10^{12}m^3$，占全国的 24.4%；埋深 2000m 以浅煤炭资源量约占全国的 33.61%；煤层气资源量约为 $13.7\times10^{12}m^3$，占全国的 26.79%；石油地质资源量约为 128.5×10^8t，占全国的 12.39%，在大型盆地中居第三位。

盆地内非能源矿产也有大量分布。截至 2014 年，鄂尔多斯盆地高岭土保有资源储量约占全国的 16.44%；石膏保有资源储量约占全国的 3.73%；鄂尔多斯盆地内蒙古区域芒硝保有资源储量约占全国的 3.27%；此外，还有高铝煤、岩盐、天然碱、铝土、油页岩、褐铁矿等其他矿产资源，是我国陆地上名副其实的“聚宝盆”。

但是，鄂尔多斯盆地矿产资源在空间上的组合分布，普遍存在共生、伴生关系，在开发一种资源时往往会影响到其共生资源、伴生资源的开发，且以油气、煤炭协调开发问题最为突出。

盆地油气与煤炭两种资源无序开发的相互影响体现在：

（1）煤炭开采造成油气可开采量降低，并可对油气设施造成破坏。煤矿采空区垮落后，下沉范围较广，下沉深度较大，垮落周期较长，严重影响油气田勘探开发，导致油气可开采量大幅降低。煤矿采空区跨落后周围岩体发生移动变形，在此区域的油气井筒、管道设施，会受到地层塌陷的影响，发生变形甚至破裂。

（2）油气开发会制约煤炭开采，也给煤炭开采带来一定安全风险。煤矿回采工作面宽度较大时可达几百米，推进长度可达几千米，而油气田井与管网布置相对密集，井位和管线下无法布置回采工作面，因而会影响煤矿的开拓方式、采区（盘区）准备、工作面布置。此外，由于油气井中的介质具有易燃易爆性质，油气井筒泄漏时可能在矿井内引发火灾爆炸事故。

为此，开展鄂尔多斯盆地矿产资源共生现状与油气开发战略研究，提出鄂尔多斯盆地油气与其他主要矿产资源协调开发对策，对安全、高效开发该地区的油气资源，推动鄂尔多斯盆地矿产资源叠置区油气资源与产业的健康、可持续发展具有重要意义。

2015 年，中国工程院设立了“鄂尔多斯盆地矿产资源协调开发战略研究”项目，中国石化华北油气分公司承担了其中一部分研究任务，开展了矿产资源共生现状及油气协调开发研究，在盆地矿产资源共生现状及油气、煤炭协调开发技术方面取得了多项成果，并在此基础上编著了《鄂尔多斯盆地矿产资源共生现状及油气开发战略》一书。

全书共分为“鄂尔多斯盆地概况”“鄂尔多斯盆地多种能源矿产分布特征”“鄂尔多斯盆地共生矿产组合类型及形成条件”“油气勘探开发技术及环境保护”“油气资源协调开发技术”“油气资源开发战略”6 章。本书由中国石化华北油气分公司周荔青、王付斌、董森、苗春光组织编写，各章编撰工作分工为：第 1 章由王付斌、王保战编写，第 2 章由常振恒、王保战、郝廷、温爱琴编写，第3章由罗懿、刘树平编写，第4章由董森、杨越、李静编写，第5章由苗春光、刘云鹏、李晔编写，第 6 章由周荔青、王付斌编写。

在本书出版过程中，得到了国家自然资源部多位专家，中国工程院马永生院士、袁亮院士，以及河南理工大学王文团队、长江大学高斐团队的指导和帮助，在此一并表示感谢。由于编写时间仓促，书中难免存在不妥之处，恳请读者批评指正。

目　录

第 1 章　鄂尔多斯盆地概况 ……1

第 1 节　盆地自然环境概况 ……1

第 2 节　盆地地质条件概况 ……2

第 3 节　盆地能源矿产勘查情况 ……7

第 2 章　鄂尔多斯盆地多种矿产资源分布特征 ……9

第 1 节　铀矿资源 ……9

第 2 节　煤炭资源 ……12

第 3 节　煤层气资源 ……22

第 4 节　天然气资源 ……32

第 5 节　石油资源 ……40

第 3 章　鄂尔多斯盆地共生矿产组合类型及形成条件 ……50

第 1 节　共生矿产组合类型及分布区域 ……50

第 2 节　共生能源矿产分区特征 ……64

第 3 节　共生矿产组合分布的形成条件 ……75

第 4 章　油气勘探开发技术及环境保护 ……87

第 1 节　油气勘探开发常用工艺技术 ……87

第 2 节　油气勘探开发环境保护 …………………………………………………… 95

第 5 章　油气资源协调开发技术 ……………………………………………………107

第 1 节　油气资源与共生矿产协调开发总体布局 ……………………………………107

第 2 节　“先煤炭后油气”开发模式 ………………………………………………114

第 3 节　“先油气后煤炭”开发模式 ………………………………………………129

第 4 节　油气、煤炭交叉协调开发模式 ……………………………………………135

第 5 节　天然气、煤炭协调开发优化方案 …………………………………………137

第 6 节　石油、煤炭协调开发优化方案 ……………………………………………142

第 6 章　油气资源开发战略 ………………………………………………………144

第 1 节　油气藏与铀矿叠置区开发建议 ……………………………………………144

第 2 节　油气藏与煤矿叠置区开发建议 ……………………………………………144

参考文献…………………………………………………………………………………146

第 1 章 鄂尔多斯盆地概况

第 1 节 盆地自然环境概况

1. 地理位置

鄂尔多斯盆地位于东经 106° 20′ ~110° 30′，北纬 34° ~41° 30′，北起阴山、大青山，南抵秦岭，西至贺兰山、六盘山，东达吕梁山、太行山。盆地横跨陕西省、甘肃省、宁夏回族自治区、山西省及内蒙古自治区，面积约 $36\times10^4km^2$，除外围的河套盆地、渭河盆地、银川盆地、六盘山断陷盆地外，本部面积约 $25\times10^4km^2$（本书所述鄂尔多斯盆地均指本部范围）。

2. 地形地貌

鄂尔多斯盆地地形呈西高东低之势，鄂尔多斯高原和黄土高原构成盆地主体，地面标高约 1100~1700m，盆地的东缘、南缘和西缘多以碳酸盐岩山脉环绕，标高约 1000~2800m。

以古长城为界，鄂尔多斯盆地可分为两大地貌单元：南部为黄土高原，沟壑纵横，黄土塬、梁、峁、沟广泛分布，黄土厚度一般为 200~300m；北部为沙漠草原，地势平坦，主要为流动沙丘和草滩，北侧为库布齐沙漠，南侧为毛乌素沙漠。

3. 气候水文

鄂尔多斯盆地为大陆性干旱－半干旱气候，年平均气温自北向南递增。南部月平均气温为 0~26℃，最低 -18℃，最高达 40℃以上；北部沙漠地区月平均气温为 -17~-5℃，气温最低达 -30℃以下，最高达 40℃以上。冬、春季节多风沙，霜降期在 10 月，结冰期在 11 月初。

盆地全年平均降雨量为 150~600m，由南向西北递减。一年内降水分布极不均匀，主要集中在 7 月、8 月、9 月这 3 个月，可占全年降雨量的 50%~60%。南部黄土高原年降雨量为 300~600m，7~9 月占全年的一半以上，且多暴雨，时有冰雹。

黄河呈“几”字形沿盆地的周边西、北、东侧环绕而过，局部地段存在地下水转换，是地下水的主要补给来源之一。

2006年，通过对该地区水资源普查研究认为，鄂尔多斯盆地是一个半开启型的地下水盆地，地下水的补给主要来自大气降水入渗，其次是地表水的渗透，以及灌溉回归水和凝结水的补给，等等。盆地东南缘岩溶水、北部白垩系地下水和东部第四系孔隙水埋藏相对较浅，单井出水量大、水质好，基本可以满足各种用水需求。鄂尔多斯盆地地下水补给总量为每年 $104.8\times10^8m^3$，可采资源量为每年 $57.9\times10^8m^3$，现开发量每年约 $10.5\times10^8m^3$，开发潜力为每年 $47.4\times10^8m^3$。目前共圈定了18处地下水富集区和161个有供水前景的水源地，能基本满足区内能源基地的近期和中远期发展对水资源的需求。

4. 交通条件

鄂尔多斯盆地内综合开发条件相对完备，交通、供水、供电等条件也在逐渐完善，为盆地能源矿产开发提供了充分的保障。目前，已初步形成铁路、公路、水运、空运衔接的立体交通网络，其中，铁路包括包神铁路、陇海铁路、神黄铁路、神延铁路等，形成了四方交接、纵横贯通的格局。盆地原油外输管线主要有靖咸线、马惠宁线、中银线及其附属支线；已建成天然气输送管道陕京一线、靖边－西安线、靖边－银川线，此外还有西气东输、长呼管线、陕京二线、靖边－西安复线等在建和拟建项目，外输管线能够满足原油、天然气的运量需求。

第2节　盆地地质条件概况

1. 区域地质背景

通过大地构造演化分析认为，鄂尔多斯盆地是一个坳陷迁移、整体升降、构造简单的大型多旋回克拉通边缘叠合盆地，基底为太古界及下元古界变质岩系，沉积盖层包括中上元古界至第四系的长城系、蓟县系、震旦系、寒武系、奥陶系、石炭系、二叠系、三叠系、侏罗系、白垩系、第三系、第四系，沉积盖层共12套，厚度约5~10km。

盆地处于中国东、西部构造结合部位，是太平洋板块和特提斯洋壳联合作用于古亚洲大陆的结果。早古生代时期，该区属于华北大陆板块，北、西、南三侧为兴蒙海槽和秦祁海槽，早古生代末，加里东运动导致了华北大陆板块整体抬升和板内浅海盆地消亡。晚古生代，华北大陆板块受南、北加里东褶皱带的限制开始沉降，形成了向西收敛并与祁连海域相通，向东开口的箕状板内陆表海沉积盆地。三叠纪，该区西缘和西南缘强烈抬升，北、西、南三侧均被造山带包围，形成了向东开口的大型箕状内陆盆地。三叠纪末的印支运动使全区抬升遭受剥蚀并发生变形，自早侏罗世开始转入相对稳定的坳陷形成阶段，至白垩纪，山西地区隆起，鄂尔多斯地台与华北地台分离，形成独立的盆地。

2. 构造区划

中国石化华北油气分公司根据现今的构造形态和演化历史，将盆地划分为6个Ⅰ级构造单元，分别是伊盟隆起、渭北隆起、晋西挠褶带、西缘复杂构造带、伊陕斜坡和天环坳陷（图1-1）。

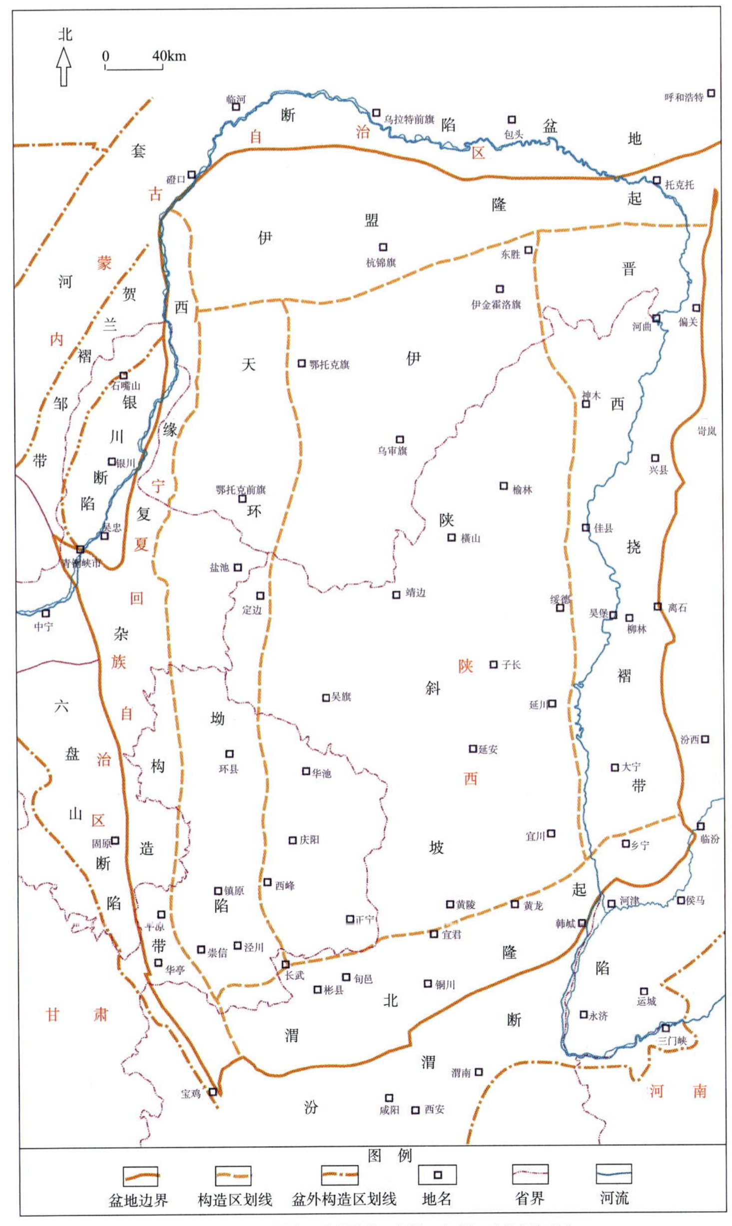

图1-1 鄂尔多斯盆地构造单元划分图

（1）伊盟隆起。位于盆地的北端，古生代以来一直处于相对隆起状态，向隆起方向各时代地层均变薄或尖灭，是盆地煤炭、铀等矿产的主要富集单元。

（2）渭北隆起。位于盆地的南端，与汾渭断陷相接，中晚元古代到早古生代为向南倾斜的斜坡，至中石炭世，东、西两侧相对下沉，是盆地煤炭、铀等矿产的主要富集单元。

（3）晋西挠褶带。位于盆地的东端，中晚元古代至古生代处于相对隆起状态，中晚寒武世、早奥陶世、中晚石炭世及早二叠世沉积较薄，中生代侏罗纪末抬升，是盆地煤炭、煤层气、天然气等矿产的主要富集单元。

（4）西缘复杂构造带。位于盆地的西端，与河套断陷、六盘山断陷等相邻，古生代为地台边缘、前缘凹陷，三叠纪中晚期至侏罗纪为分割明显的深凹陷带，早白垩世局部地区继续凹陷，燕山运动中期受强烈挤压和剪切作用，形成了冲断构造复杂带，是盆地煤炭、铀、油气等矿产的主要富集单元。

（5）伊陕斜坡。位于盆地的中东部，东接晋西挠褶带，占据着盆地中部的广大区域，早奥陶世海相地层沉积厚度约 500~1000m，晚古生代以后为陆相沉积。伊陕斜坡定型于早白垩世，为向西倾斜的平缓单斜，平均坡降为 10m/km，倾角不到 1°，是盆地油气、煤炭等矿产的主要富集单元。

（6）天环坳陷。位于盆地的中西部，西接西缘复杂构造带。古生代时为西倾斜坡背景，晚三叠世接受坳陷沉积，延长组沉积厚度约 3000m。侏罗纪－白垩纪时坳陷沉积中心逐渐向东偏移，呈西翼陡、东翼缓的不对称向斜结构，是盆地油气、煤炭等矿产的主要富集单元。

3. 主要盖层沉积体系

晚元古代沉积以来，鄂尔多斯盆地经历了晚元古代中期－晚古生代早期的边缘裂陷与陆内坳陷形成阶段，以及周缘碰撞造山阶段，晚古生代之后开始大规模进入能源矿产的产生、发展阶段。

加里东构造运动以来，盆地经历了 3 个典型发育阶段：①晚石炭世－二叠纪末盆地周缘裂解海陆交互相沉积阶段；②中生代陆内坳陷、盆地边缘隆起且整体掀斜的河流相、三角洲相及湖泊相沉积阶段；③新生代盆地周缘断陷沉积阶段（图 1-2）。

1）晚古生代海陆交互相沉积阶段

晚古生代沉积可以划分为两大阶段：本溪期－太原期，发育一套海陆过渡相的碎屑岩沉积体系；早二叠世早期－晚二叠世石千峰期，主要发育陆相湖泊沉积。

盆地历经的本溪期、太原期、山西期、下石盒子期、上石盒子期、石千峰期沉积演化过程中，三角洲沉积体系由早期的海陆过渡相演变为后期的陆相。其中，海相三角洲沉积体系孤立分布，而湖泊三角洲沉积体系在从发育到消亡的演化过程中发生复合叠加，分布范围大，特别是在山西期和下石盒子期北部和西北部的三角洲相复合叠加更为明显，从而导致该期的三角洲沉积体系和砂体最为发育，成为盆地内最重要的天然气含气层系。

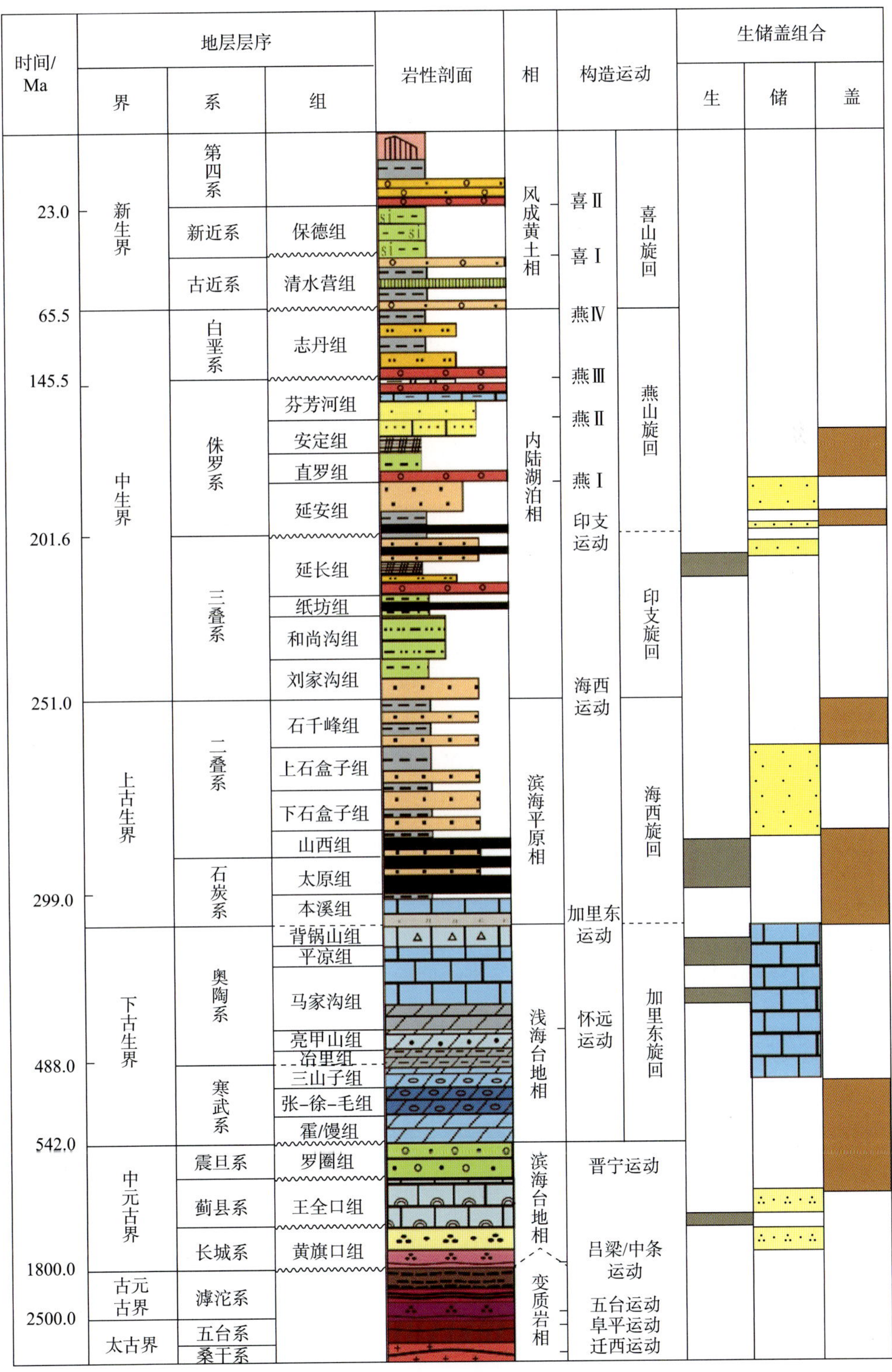

图 1-2 鄂尔多斯盆地地层综合简图

（1）晚石炭世本溪期。

晚古生代的初期沉积，西部以裂陷海盆沉积为特征，东部以陆表海沉积为主，北部和西北部海域的边缘发育有小型三角洲沉积，西北边缘发育由西北物源供给的三角洲沉积体系。

（2）晚石炭世太原期。

本溪期之后，东、西海域相通连成一个海域，但仍继承发育两个海相三角洲沉积体系。西北角乌达地区的三角洲向东、向东南扩展至银川、千里山一带。北部三角洲沉积体系由两个三角洲叠加构成，向南、向东迁移，范围逐渐扩大。

（3）早二叠世山西期。

太原期之后，海相盆地转变为陆相湖盆。湖盆边缘广泛发育湖泊三角洲沉积体系，可以识别出的5个三角洲沉积体系中，北部发育2个，西北部发育1个，西南部发育1个，南部发育1个。

（4）晚二叠世石盒子期－石千峰期。

前期五大三角洲沉积体系继承发育，北部、西北部三角洲体系分布规模逐步减小，而盆地西南侧和东南侧的三角洲沉积相互连片构成广泛分布的三角洲复合体。

2）中生代陆内坳陷湖泊、河流、三角洲沉积阶段

海西运动末期，盆地进入内陆湖盆演化阶段，受周围造山带多个物源供给的影响，此时盆地内部沉积格局表现为近南北向展布、东西向分异。

（1）早－中三叠世。

早－中三叠世刘家沟期、和尚沟期、纸坊期，盆地继承了二叠纪的古构造格局和沉积特点，沉积了一套以河流相、沼泽相为主的红色、杂色砂岩和暗色泥岩层系，该时期为盆地非能源矿产发育期。

（2）晚三叠世延长期。

该时期总体为湖相沉积，边缘以粗碎屑的河流、三角洲及各种扇体沉积为主。各沉积相带的平面变化基本上呈环带状展布，而砂体的发育情况则完全受控于沉积相的展布规模。该时期是盆地主要的含油期。

延长组是主要的含油层系，发育一个由水进－水退序列构成的完整沉积旋回。长7期、长8期为湖进阶段，湖盆逐渐扩大，水体逐渐加深，纵向上沉积物由粗变细。其中，长7期湖盆面积达到最大。长1期~长6期为水退阶段，虽有反复，但总体上水体逐渐变浅，湖盆逐渐缩小直至消亡。

（3）早侏罗世延安期。

延安期分为两个沉积体系，延10期、延11期的冲积扇－河流沉积体系和延1期~延9期的陆相河流－湖泊－三角洲沉积体系。

延10期、延11期继承了富县期冲积扇－河流沉积体系，为主要的填平补齐期。延1期~延9期发育一套陆相河流－湖泊－三角洲沉积体系，盆地水系可分辨出甘陕、宁陕、晋陕等网状砂质河道。延9期为河湖三角洲体系发育的早期，主要三角洲组成

环状的三角洲群，浅湖区主要位于盆地东南部的志丹、华池、甘泉、富县等地区。延9期后的延安期各阶段基本继承了延9期的古地理特征，三角洲平原及前缘的位置不断向湖区推进，湖泊面积缩小。在三角洲平原区，西部、西南部广泛发育平原沼泽煤系，河道范围较小，砂体较薄，东北部含煤沼泽沉积较少。延5期、延4期为盆地发育的萎缩阶段，河流沉积作用增强，其上形成交错的网状河网。

（4）中侏罗世直罗期。

沉积早期，盆地周缘地貌高差较大，物源供给充分，气候较温暖湿润。沉积晚期，周缘地貌高差减小，气候干旱，物源供给不足，聚煤条件完全丧失。直罗早期以辫状河、曲流河沉积为主，东北部发育三角洲沉积；晚期以辫状河、曲流河、三角洲和湖泊沉积为主。

4. 能源矿床序列

鄂尔多斯盆地周缘造山带的多期演化，导致盆地内部古地理格局的迁移、转化，相对稳定、配套的地质环境孕育了多套矿产成藏系统。其中，沉积广泛的上古生界煤系地层、中生界延长组泥页岩地层、延安组煤系地层是盆地主要能源矿产天然气、石油、煤炭、煤层气的主力母源岩。中生代晚期的构造热事件不仅加速了有机质的热解过程，同时也加强了热流体事件的力度，对盆地边缘分布的铀矿床和其他矿产的形成具有重要的控制作用。

除煤层气外，石油、天然气、煤炭和铀富集在盆地不同层位或同一层位的不同地段，形成了多层位叠合矿产。能源矿产分布纵向上总体表现为“三层楼”结构：下层为上古生界煤炭 + 煤层气 + 天然气体系，中层为中生界延长组 – 延安组煤炭 + 石油体系，上层为中生界延安组 – 直罗组煤炭 + 铀矿体系。

第 3 节　盆地能源矿产勘查情况

1. 能源矿产勘查现状

研究认为，鄂尔多斯盆地能源矿产资源总量居我国大型盆地之首，天然气、煤炭、煤层气资源量在大型盆地中均居于第一位。天然气地质资源量约为 $15.16\times10^{12}m^3$，占全国资源总量的 24.4%；埋深 2000m 以浅煤炭资源量约占全国资源总量的 33.61%；煤层气资源量约占全国资源总量的 26.79%；石油地质资源量约为 128.5×10^8t，占全国资源总量的 12.39%，在我国大型盆地中居于第三位。

据 2015 年调研资料数据可知，鄂尔多斯盆地探明含气面积约为 $3.298\times10^4km^2$，探明天然气地质储量约为 $3.565\times10^{12}m^3$，探明程度约为 23.5%，占全国探明天然气地质储量的 27.4%；探明含油面积约为 $1.035\times10^4km^2$，探明石油地质储量约为 54.75×10^8t，探明程度约为 42.6%，占全国探明石油地质储量的 14.7%；探明煤层气含气面积约为 $1297.7km^2$，煤层气探明程度约为 0.91%，占全国探明煤层气地质储量的 19.9%；煤炭查明程度约为 20.6%，占全国查明资源储量的 26.5%。

鄂尔多斯盆地内非能源矿产也有大量分布。据内蒙古自治区国土资源厅 2014 年数据（调研资料），鄂尔多斯盆地高岭土保有资源储量约为 4.39×10^8t，占全国的 16.44%；石膏保有资源储量约为 37.53×10^8t，占全国的 3.73%；鄂尔多斯盆地内蒙古区域芒硝保有资源储量约为 38.34×10^8t，占全国的 3.27%。此外，鄂尔多斯盆地还有高铝煤、岩盐、天然碱、铝土矿、油页岩、褐铁矿、水资源、地热等其他矿产资源，是我国陆地名副其实的“聚宝盆”。

2. 能源矿产开发现状

据 2015 年调研资料数据可知，鄂尔多斯盆地累计生产石油 3779.44×10^4t，占全国总产量的 17.6%；累计生产天然气 $427.04\times10^8m^3$，占全国总产量的 34.3%，折合油气当量 7265.48×10^4t，位列全国第一；累计生产煤层气约占全国总产量的 4.9%；累计生产煤炭约占全国总产量 25.7%。鄂尔多斯盆地为国家与地方经济发展做出了突出贡献。

第 2 章

鄂尔多斯盆地多种矿产资源分布特征

鄂尔多斯盆地矿产资源分布特征明显，油气、煤炭、煤层气和铀矿资源总体呈现“满盆煤、满盆气、南部石油、周缘铀矿 / 煤层气”的分布规律。

第 1 节　铀矿资源

1. 铀矿勘查现状

我国自 1955 年开展铀矿勘查工作以来，大致经历了 3 个发展阶段：① 20 世纪 90 年代之前的火山岩型地表铀矿床勘查阶段；②“八五”至“十五”期间的地浸开发型砂岩型铀矿勘查阶段；③“十一五”以来的“二元”型铀矿床勘查蓬勃发展阶段。自 20 世纪 90 年代以来，鄂尔多斯盆地的铀矿勘探工作，从以寻找“硬岩”中的热液铀矿床为主，转向以寻找中新生代盆地可地浸砂岩型后生水成铀矿为主，取得了铀矿勘查的阶段性成果。

鄂尔多斯盆地含铀地层主要包括石千峰组、刘家沟组、和尚沟组、直罗组、华池组、环河组、罗汉洞组和泾川组；测井显示异常层包括太原组、石盒子组、纸坊组、延长组。在平面上，鄂尔多斯盆地砂岩型铀矿主要分布于盆地周边的构造过渡带上，在盆地的北部、西部和南部边缘均有矿化点出现。

三叠系以上已查明铀矿床主要为砂岩型和泥岩型铀矿床。下白垩统志丹群环河组、华池组、罗汉洞组及侏罗系直罗组、安定组等主要为砂岩型铀矿床；侏罗系延安组、三叠系延长组及白垩系部分地区含铀地层主要为泥岩型铀矿床。

三叠系铀矿化点主要位于盆地西南部镇原 – 环县 – 吴旗地区。侏罗系铀矿化点主要位于伊盟隆起西南区域，宁夏东部磁窑堡 – 碎石井一带（构造位置为西缘复杂构造带马家滩构造），天环坳陷东部环县 – 吴旗 – 定边区域，以及盆地南部黄陵店头地区。白垩系铀矿化点分布区主要包括杭锦旗 – 鄂托克前旗围成的区域，桌子山至磁窑堡以东区域，以及天环坳陷的西翼区域。

目前，鄂尔多斯盆地侏罗系铀矿已经探明了皂火壕铀矿床、柴登壕铀矿床、纳岭沟铀矿床、大营铀矿床 4 个大型、特大型铀矿床，资源量达到我国地浸型砂岩铀矿储量的一半以上，是我国最大的铀资源储藏地。随着新铀矿点的不断发现，铀矿资源量有望进一步增加。其中，铀矿整装勘查区位于鄂尔多斯市，总体呈东西向长方形展布，长 120km、宽 80km，面积约 8422km^2。勘查重点工作区有 3 个，勘查面积约 1695km^2；已探明皂火壕特大型铀矿床 1 个，勘查面积约 235km^2；北部已发现大中型铀矿产地 5 处，东部呼斯梁地区有利勘查面积约 650km^2，西部杭锦旗地区有利勘查面积约 810km^2（图 2–1）。

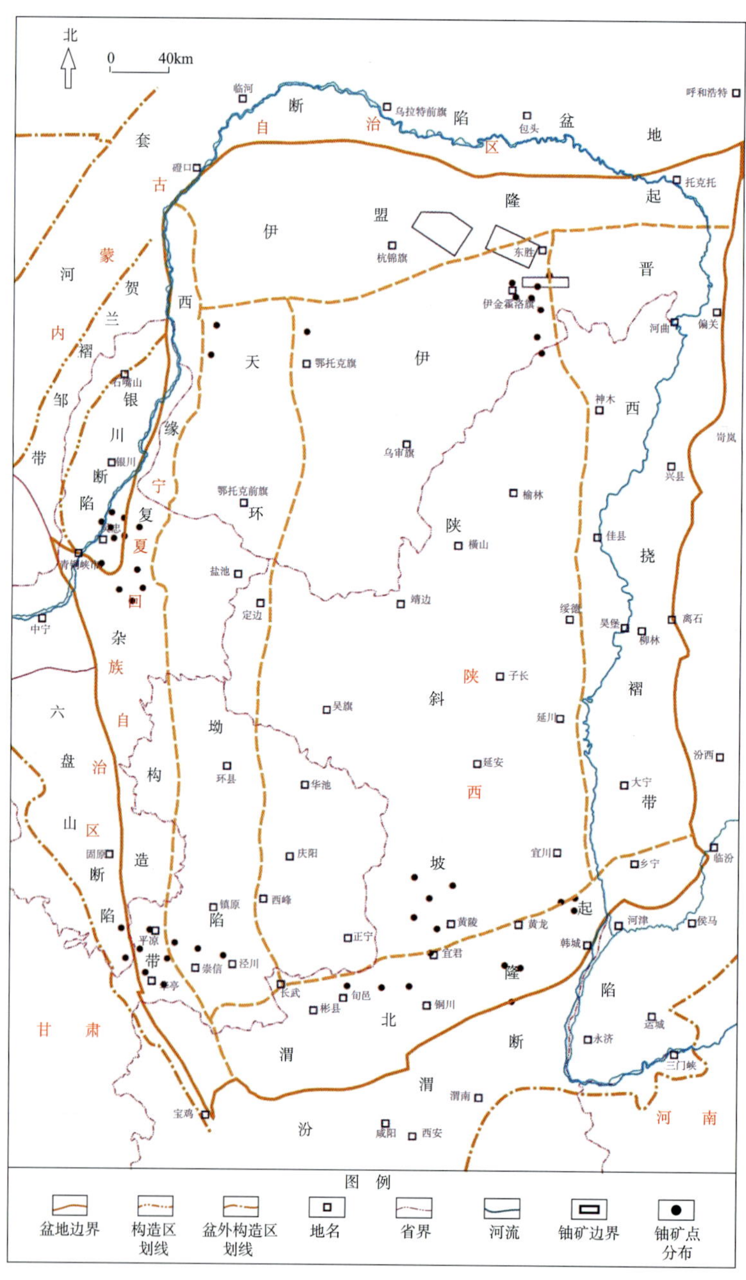

图 2–1　鄂尔多斯盆地铀矿勘查区域及铀矿化点分布图

目前，关于三叠系以下地层铀矿开展的研究较少。盆地三叠系中下统、二叠系石盒子组和山西组、石炭系太原组和本溪组、奥陶系马家沟组的测井显示均有高自然伽马异常存在。

2. 盆地内铀矿分布的影响因素

1）盆地古气候、构造环境变化对铀矿分布的影响

（1）历次构造运动引起的盆地沉积环境变迁决定了多种矿产的时空分布特征。

赵军龙、刘池洋等研究认为，鄂尔多斯盆地从奥陶纪末期以来经历的构造运动主要有加里东运动、海西运动、印支运动、燕山运动和喜马拉雅运动。相应地，盆地地质构造演化可分为中晚元古代坳拉谷阶段、早古生代浅海台地阶段、晚古生代滨海平原阶段、中生代内陆盆地阶段、新生代盆地周边断陷阶段这5个阶段。

盆地历经的构造运动决定了相应时期的沉积特征，进而控制并影响着盆地内煤炭、油气、铀矿资源等的分布特征。

（2）盆地内的断裂体系对铀矿分布的影响。

①盆地内的断裂分布特征。

鄂尔多斯盆地存在三组基底构造线。第一组为东西向展布，主要分布于鄂托克旗－伊金霍洛旗以北，大致与伊盟古陆核位置对应；第二组为北东向展布，主要沿环县－神木一线延展，南侧陇县－黄龙－延川一带团块状磁异常亦显示北东向特征；第三组为北西向展布，主要分布在盆地西部鄂托克旗以南、定边以西地区。此外，大致在中宁－庆阳－铜川一线以南地区，北西向与北东向两组基底构造线交织，其中，北段构造线以北西向为主，南段则为北东向构造线更显著。盆地构造形态从中心到周边越来越强烈，表现为鼻状隆起－短轴背斜－长轴或线状背斜－掩冲推覆构造－断块翘倾构造的逐渐过渡。

②盆地内断裂体系对铀矿分布的影响。

北东向基底断裂在中生代“隐性”活动，不仅控制了晚三叠世一系列古水系的流向，而且后期的小规模活动在上覆砂体中还产生了微裂隙和小断层，既为油气及深部物质运移提供了通道，也改善了储集层物性条件。同时，基底断裂分布区的异常高古地热加速了有机质生烃演化。

盆地北部发育大量的天然气藏圈闭，它们受构造断裂控制明显，圈闭先于铀矿而存在，是重要的天然气扩散源，为铀成矿提供了还原剂，油气的多期次活动是铀成矿的有利因素。铀矿形成之后，油气继续活动造成的还原环境对铀矿起到了保矿作用。

盆地内断裂构造的存在对油气、煤炭的成矿发挥了重要作用，同时控制着铀异常的分布特征。铀矿含矿层之下的大量微裂隙与裂隙带是深部还原性物质上移和富铀流体上升的有利通道，使得深部的部分铀元素可以顺利实现二次迁移和成矿。

2）盆地中有机质对铀矿分布的影响

盆地沉积盖层有机质分布广泛，对金属铀的迁移和聚集具有重要影响，其作用主

要体现为还原作用、吸附作用、配位作用等。

石炭纪本溪期，盆地西部接受祁连海海侵，东部接受华北海海侵，榆林和延安一带为潟湖沉积，潟湖相主要为一套灰黑色铁铝土质泥岩、铝土岩、含凝灰岩。区域上，本溪组为一套海相－海陆交互相地层，可细分为两段，下段为铁铝土岩段，上段为暗色泥岩段，常为砂岩、石灰岩和煤层互层，有机质丰度高。铁铝土质泥岩和煤层对铀元素有很好的吸附作用，凝灰岩中铀元素丰度相对较高，可以促进本溪组地层中铀元素的富集。

石炭纪太原期、二叠纪山西期，形成海陆交互相煤系烃源岩的过程中，多期的慢速海进和快速海退加速了对盆地台地的淋滤，促进了铀元素的溶解，该时期气候为原生还原条件，有利于铀的沉淀和富集。

三叠纪延长期和侏罗纪延安期，盆地中生界湖相生油岩（延长组）和煤系地层（延安组）发育，有机质丰度高，延长组长 7 期、长 8 期地层中常见到铀异常。由于延安组是一个从湖进到湖退的过程，环境呈氧化性，因而不利于铀的沉淀和富集。测井资料表明，侏罗系煤和铀的共存关系没有石炭系本溪组和太原组的煤炭、铀关系那样紧密。这个时期，深部上古生界进入生气阶段，天然气作为铀的还原剂，可能会对奥陶系顶部铀的富集起到促进作用。

第 2 节　煤炭资源

鄂尔多斯盆地煤炭工业有近百年的发展历史，煤炭资源开发程度较高。王双明等研究认为，鄂尔多斯盆地是中国煤炭资源最富集的地区，晚古生代石炭纪、二叠纪和中生代三叠纪、侏罗纪含煤层系在盆地内均有展布，2000m 以浅煤炭分布面积为 $15.1\times10^4km^2$，其中，上古生界煤炭分布面积为 $3.9\times10^4km^2$，资源潜力为 5024.68×10^8t；中生界瓦窑堡组煤炭分布面积为 $0.12\times10^4km^2$，资源潜力为 14.75×10^8t；中生界延安组煤炭分布面积为 $11.1\times10^4km^2$，资源潜力为 14713.39×10^8t。截至 2015 年年底，根据相关统计，煤炭矿业权申报达 1679 个，其中，申报探矿权的为 383 块，面积约为 $43771km^2$，保有资源量 3088×10^8t；申报采矿权的为 1296 块，面积约为 $14197km^2$，查明资源量 975×10^8t；矿业权总面积约为 $57968km^2$（图 2-2），查明煤炭保有资源量 4063×10^8t。鄂尔多斯盆地 2014 年煤炭生产能力达 7.64×10^8t，约占全国产能的 25.7%，煤炭开采已成为该区域内五省（区）的主要支柱性经济产业。

1. 煤层发育特征

鄂尔多斯盆地自下而上发育有上古生界石炭系－二叠系本溪组、太原组、山西组，中生界三叠系瓦窑堡组，以及侏罗系延安组、直罗组 6 套煤层。瓦窑堡组、本溪组、直罗组煤层分布范围有限，延安组煤层分布在中生代盆地范围内，太原组、山西组煤层分布已超过现在的盆地范围（图 2-3）。

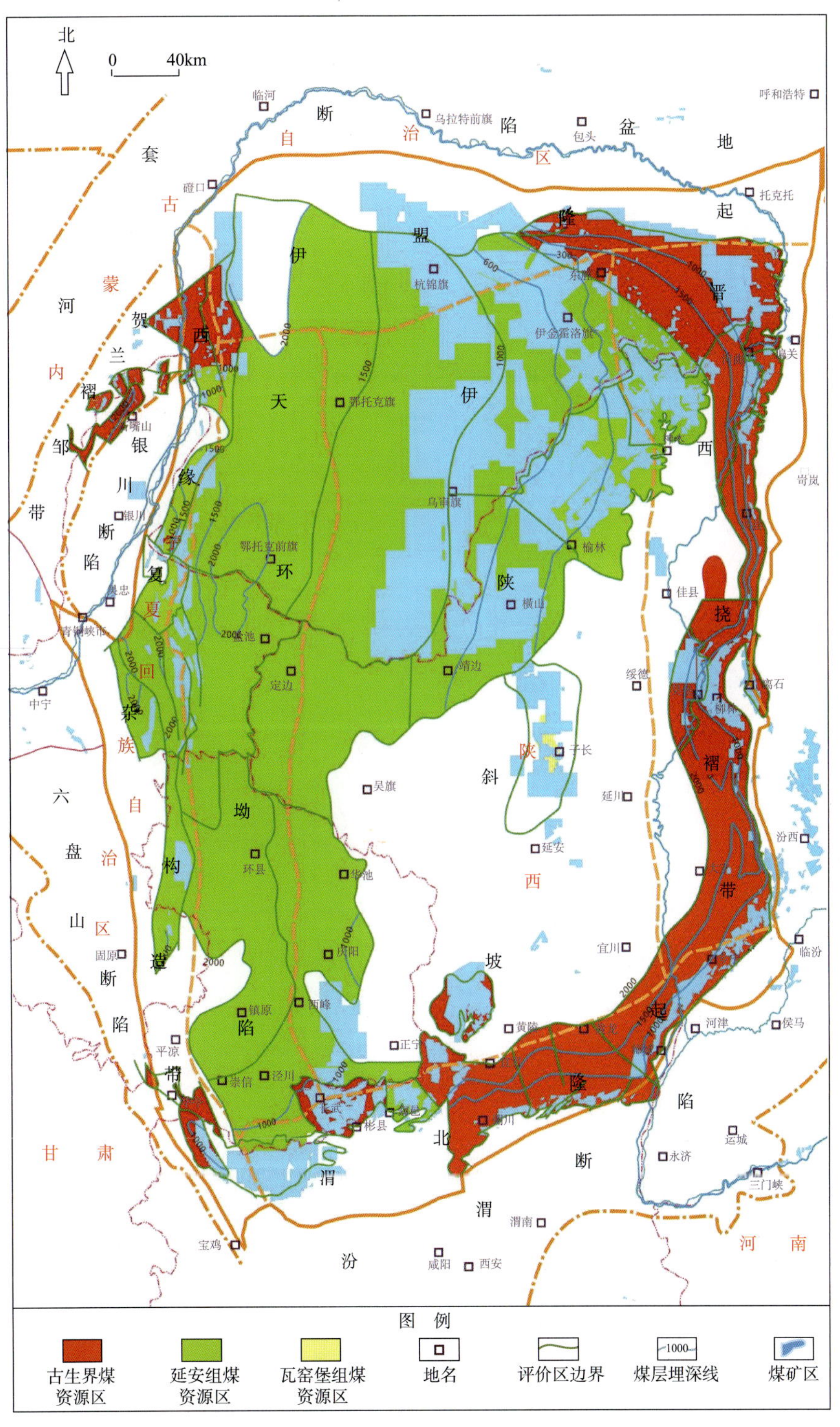

图 2-2 鄂尔多斯盆地 2000m 以浅煤炭与矿权分布叠合图

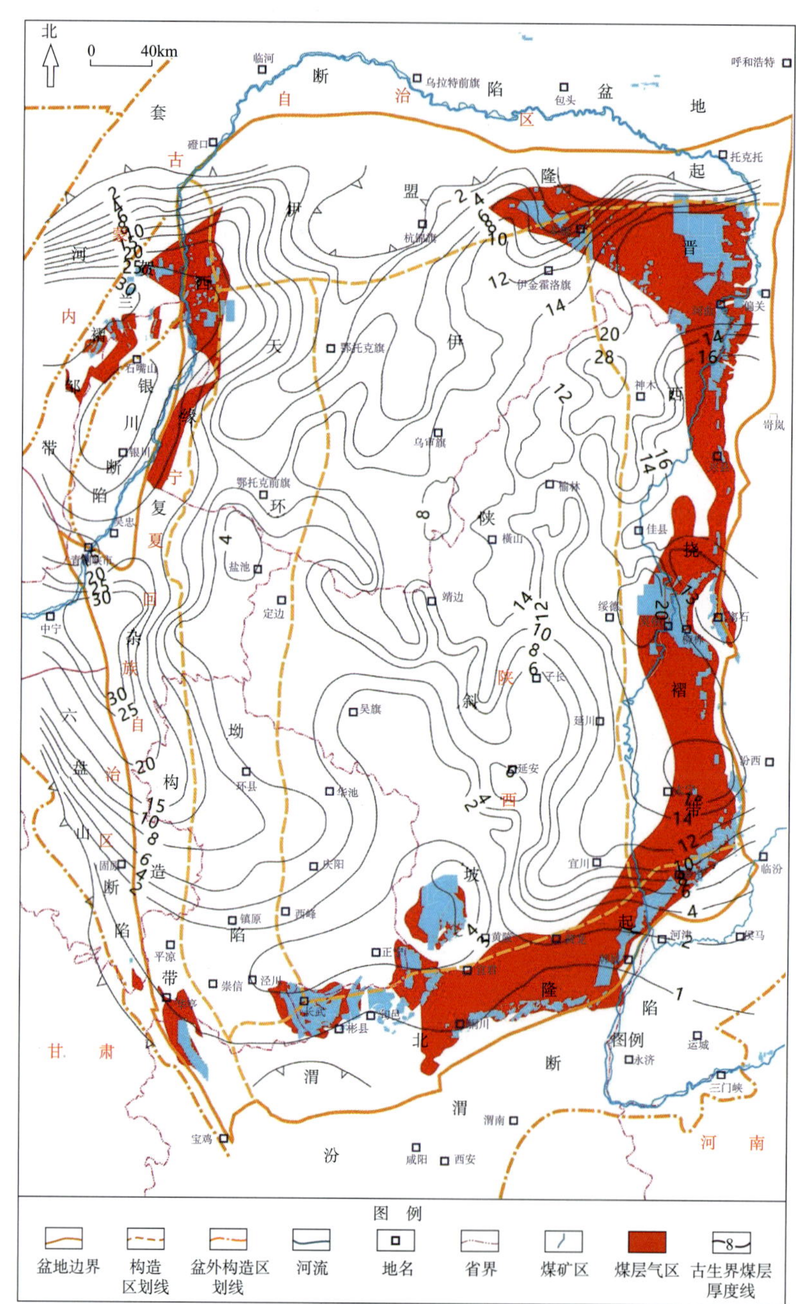

图 2-3　鄂尔多斯盆地上古生界煤炭与矿权分布叠合图

1）上古生界煤炭地层

（1）煤层发育特征。

①煤层分布。

上古生界煤层受广阔的滨海平原沉积环境控制，并且受古气候、南北向中央古隆起的影响，具有“南北分带、东西分异”的特点。煤系地层从下往上共发育煤层 12 层（图 2-4），最厚达 35m，具有北厚南薄，东、西部厚，中部薄而稳定的特征。西

北部的乌海 – 吴忠一带、西部的同心地区及东北部的准格尔旗地区煤层累计厚度达 20~35m，东部的神木 – 横山 – 吉县一带厚度约 10~20m，而南部的铜川、正宁等地区煤层总厚度小于 5m。由于后期受构造运动抬升影响，盆地中部、东部煤系地层保存较好，而盆地西部和南部保存相对较差。

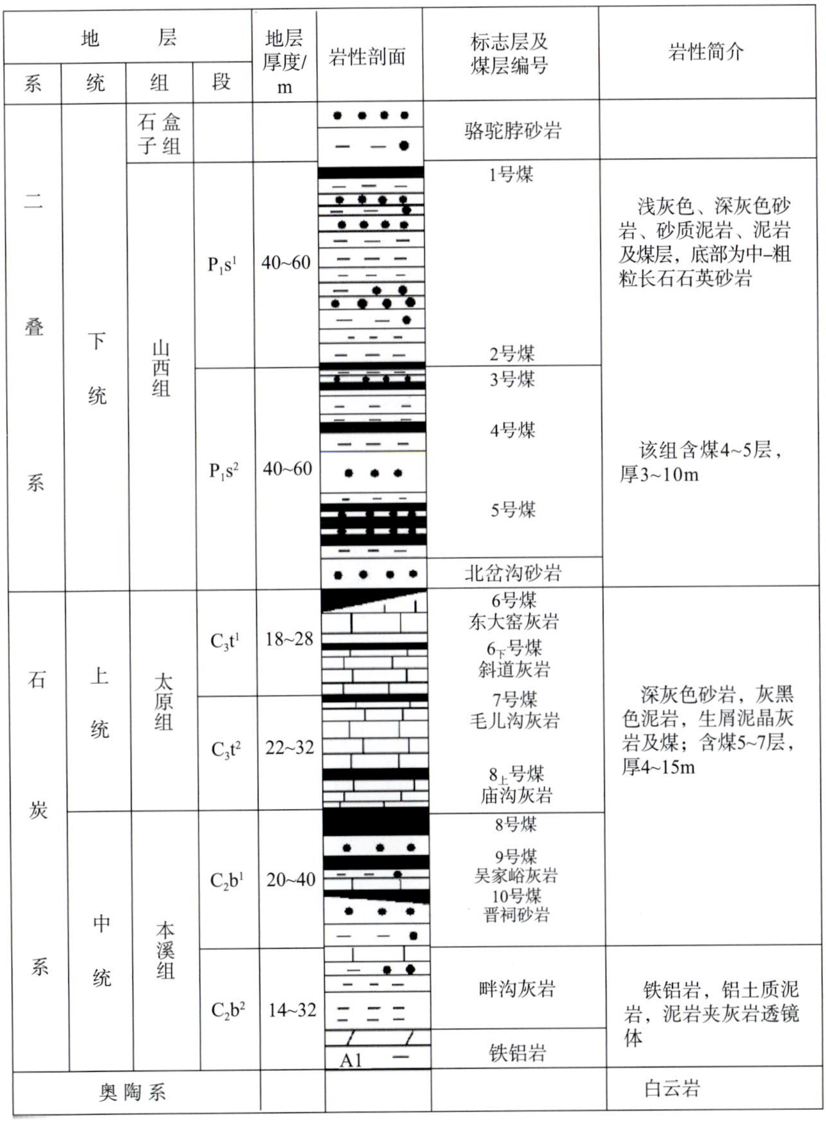

地层				地层厚度/m	岩性剖面	标志层及煤层编号	岩性简介
系	统	组	段				
二叠系	下统	石盒子组				骆驼脖砂岩	
		山西组	P_1s^1	40~60		1号煤 2号煤	浅灰色、深灰色砂岩、砂质泥岩、泥岩及煤层，底部为中–粗粒长石石英砂岩
			P_1s^2	40~60		3号煤 4号煤 5号煤	该组含煤4~5层，厚3~10m
						北岔沟砂岩	
石炭系	上统	太原组	C_3t^1	18~28		6号煤 东大窑灰岩 $6_{下}$号煤 斜道灰岩 7号煤 毛儿沟灰岩	深灰色砂岩，灰黑色泥岩，生屑泥晶灰岩及煤；含煤5~7层，厚4~15m
			C_3t^2	22~32		$8_{上}$号煤 庙沟灰岩	
	中统	本溪组	C_2b^1	20~40		8号煤 9号煤 吴家峪灰岩 10号煤 晋祠砂岩	
			C_2b^2	14~32	A1	畔沟灰岩 铁铝岩	铁铝岩，铝土质泥岩，泥岩夹灰岩透镜体
奥陶系							白云岩

图 2–4 鄂尔多斯盆地石炭系 – 二叠系地层综合柱状图

②主要可采煤层分布。

汤达祯、刘大锰等研究认为，鄂尔多斯盆地晚古生代主要可采煤层有 5 层：太原组 11 号、10 号、6 号煤层和山西组 5 号、3 号煤层。

太原组 11 号煤层：主要发育在盆地的东部，厚度由南向北逐渐变厚再变薄，神木周边厚度达 10m 以上，保德 – 府谷一带厚度为 5~10m，盆地其他地区有零星发育。

太原组 10 号煤层：主要发育在盆地的西北部及中部，贺兰山地区、乌审旗地区厚度为 5~10m，石嘴山 – 平罗 – 巴彦淖尔一带厚度为 1.3~3.5m，中南部厚度比较薄，保德 – 府谷 – 五字湾一带有一定厚度的煤层发育，其他地区零星分布。

太原组 6 号煤层：主要发育在盆地的北部，其中，东胜地区厚度为 5~10m，贺兰山地区小范围内有厚煤层发育，其他地区厚度逐渐变小。

山西组 5 号煤层：主要发育在盆地的中部、东部及西北部，盆地的东北角有 10m 以上的厚煤层发育，煤层厚度由东北向西南逐渐变薄，西北部厚度小于 3.5m。

山西组 3 号煤层：主要发育在盆地的东部及西北部，东部最大厚度分布在大宁 – 韩城一带，由东向西逐渐变薄。

（2）煤层热演化。

上古生界煤镜质体反射率一般为 0.65%~1.95%，盆地中部深埋区域煤镜质体反射率达 3% 以上。煤级一般为中高变质烟煤和无烟煤，随着深度增加，煤级呈增高趋势。

（3）煤层埋深。

上古生界地层在盆地中部埋深较大，埋深 2000m 以浅者仅分布于盆地周缘。山西河东煤田、盆地西北部的桌子山 – 石嘴山一带、陕西省北部府谷、韩城 – 铜川一带的冲沟之中，以及南部的镇安 – 山阳 – 旬泪一带，煤层已经出露地表。盆地东部晋西挠褶带构造相对稳定，煤层埋深较浅，煤矿区分布较多；盆地西部，构造复杂，煤矿较少。

2）中生界延长组煤炭地层

（1）延长组煤层发育特征。

杨文蕙、贾志鑫等研究认为，中生界三叠系延长组煤层只发育于瓦窑堡组，含煤范围仅分布于黄陵 – 富县 – 延安 – 子长 – 子洲一带（图 2–5）。

①煤层分布。

煤层主要发育于瓦窑堡组上部，煤层层数多，缺乏厚煤层。从下向上共发育煤层（煤线）6 组，最多可达 32 层，煤层总厚度达 11m 左右，煤层厚度一般为 0.05~0.4m，厚者可达 3m 以上，可采和局部可采 1~2 层，含煤系数 1.67%，局部高达 2.53%。富煤中心分布于子长 – 蟠龙一带及子长县和子洲县之间，累计厚度大于 4m。

②可采煤层分布。

瓦窑堡组所有煤层中，5 号煤层为区域可采煤层，3 号煤层为局部可采煤层，其他煤层均不可采。

5 号煤层位于瓦窑堡组第四段的中上部，煤层厚 0~3.1m，该煤层全区连续性好，厚度变化较小，中部厚度较大，向东、西两侧减薄，富煤带主要分布在子长县玉家湾镇、周家镇、石湾镇等地区。

3 号煤层位于瓦窑堡组第四段的下部，煤层厚 0~1.27m，平均厚度约 0.42m，主要发育在子长、蟠龙、高家屯地区，其余大部分地区不含可采煤层。

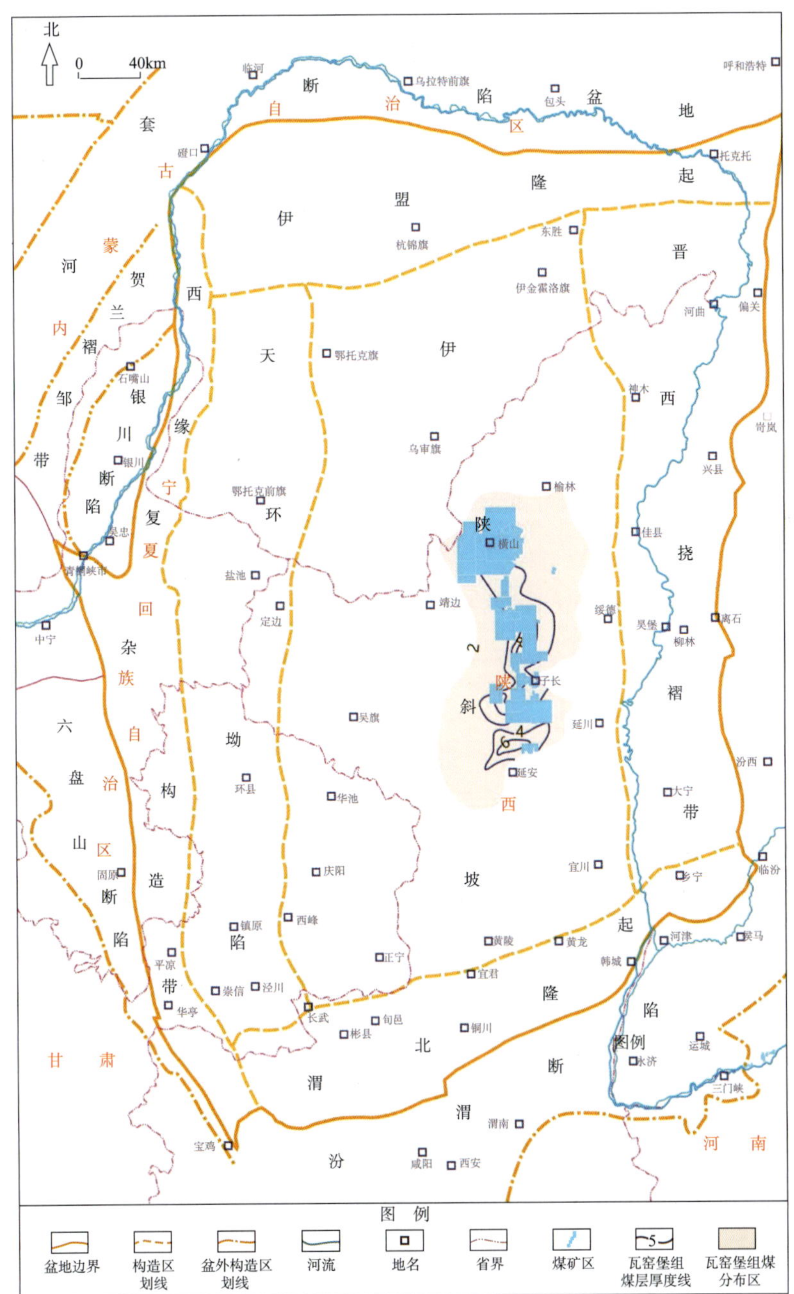

图 2-5 鄂尔多斯盆地瓦窑堡组煤炭与矿权分布叠合图

（2）煤层热演化。

煤镜质体反射率最大变化在 0.74%~0.76% 之间，属第Ⅱ变质阶段的烟煤，即气煤－气肥煤范畴，纵向上煤的变质程度自上而下略有增高。

（3）煤层埋深。

盆地西部局部地区地层埋深超过 2000m，大部分地区在 2000m 以浅，在南部铜川－宜君－富县－子长－榆林－神木一带，以及吴旗、志丹、安塞等少量地区，煤层已出露地表。

3）中生界延安组煤层

（1）煤层发育特征。

侏罗系延安组是鄂尔多斯盆地最重要的赋煤层系，聚煤作用严格受湖泊–三角洲–河流沉积环境控制，同时受古地形及后期抬升剥蚀作用的影响，不同地区的煤层层数、煤层厚度都有很大差异。

①煤层分布。

延安组煤层总体表现为煤层层数多，总厚度大，煤炭储量丰富（图 2–6）。延安组煤层除在大理河以南、吴旗以东、葫芦河以北的湖盆中心地区无沉积外，围绕无煤区形成了一个巨大的聚煤环带，煤层层数、可采煤层厚度均由无煤区向盆地北

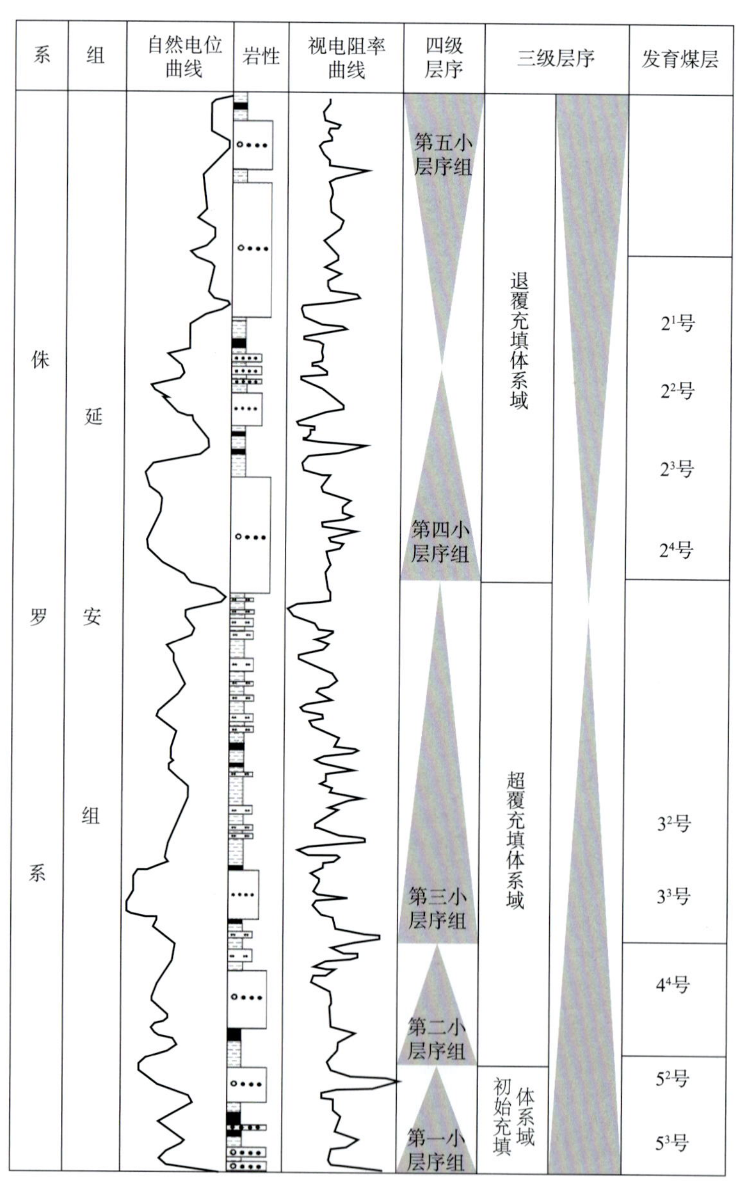

图 2–6 鄂尔多斯盆地延安组煤层划分柱状图

部、西部、南部方向递增。盆地北部煤层多且厚，一般大于 20m，新召、乌审、东胜等地为北部地区的富煤中心；盆地西缘煤系厚且含煤层数多、厚度大，富煤中心灵盐地区含煤厚度一般大于 22m；往南至环县、庆阳地区，煤层层数减少，厚度变薄，但在盆地南缘平凉、华亭、铜川、黄陵地区分别出现了局部的富煤地带，煤厚 10~30m；盆地南部、东部含煤性变差，煤系地层厚度逐渐变小，煤层层数减少，厚度变薄（图 2-7）。

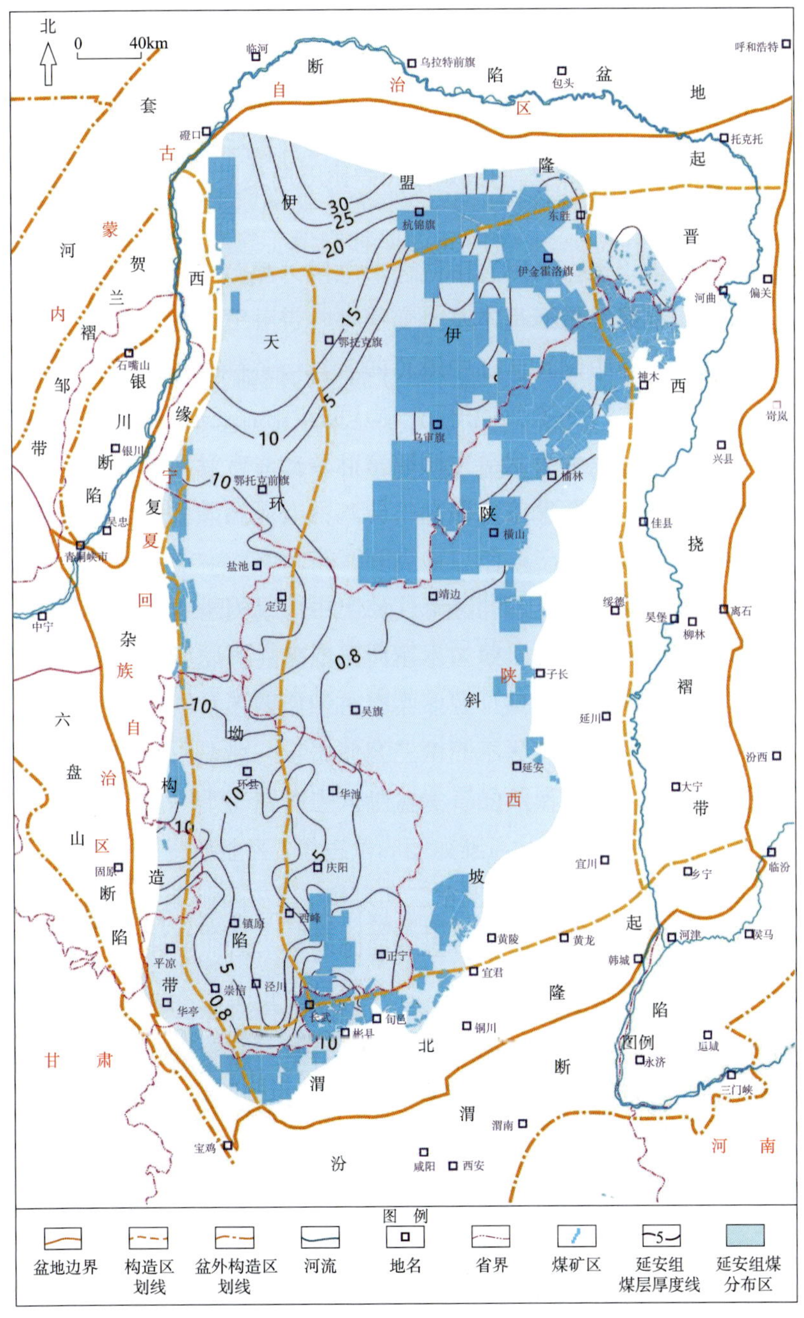

图 2-7 鄂尔多斯盆地延安组煤炭与矿权分布叠合图

②可采煤层分布。

延安组地层按沉积特征，从下向上分为5段，煤层共有5个煤组，均位于岩性段的上部，每个煤组有一个主要可采煤层，分别为1^2号煤层、2^2号煤层、3^1号煤层、4^2号煤层、5^2号煤层。盆地南缘的华安－黄陵－彬长一带为延安组下段含煤，发育4、5煤组；盆地西缘和中部的汝箕沟－灵盐一带为延安组中下段含煤，发育2~5煤组；盆地北部东胜－神木一带整个延安组5个煤组均发育。可采煤层主要分布在盆地北缘和南缘，其次为西缘。不同地区可采煤层的层数、厚度相差较大。

（2）煤层埋深。

延安组主力煤层埋深多在1500m以浅，西部麻黄山－盐池一带埋深大于2000m，分布范围局限，鄂托克旗－盐池－环县－镇原一带埋深大于1500m，向东、向西埋深变浅，乌审旗－靖边－庆阳一线以东地区及京盛矿区以西地区埋深为300~1000m。

2. 煤炭富集规律

1）陆相河湖泥炭沼泽相聚煤规律

延安组含煤岩系沉积经历了初期古剥蚀面上的河流沉积充填、中期湖泊扩张超覆、晚期河流活动复活3个阶段，泥炭沼泽为延安组主要的聚煤环境。

王东东研究认为，根据延安组成煤的沉积环境特征及其组合形态，鄂尔多斯盆地延安组聚煤模式主要可以归纳为以下4种：

（1）河流－三角洲聚煤模式。

这种聚煤模式主要发育在盆地北部宽广而平坦的斜坡带及其湖岸三角洲发育区。盆地北部构造稳定，地势平坦，有利于大型曲流河及三角洲的发育。这类曲流河的泛滥平原发育，地势低洼地区汇水发育河漫湖泊，洪水期发育决口扇沉积。河流体系中泛滥平原沼泽、河漫湖泊环境都是有利的成煤环境。同时，河流入湖发育大范围的三角洲平原沉积，三角洲平原与前缘近岸地区有利于沼泽、成煤植物的发育、堆集和保存，最有利于聚煤作用的发生。

（2）丘陵－洼地聚煤模式。

这种模式主要发育在盆地南缘，是构造挤压抬升及剥蚀作用下形成的一种特有的古构造格架与基底上聚煤的模式，以地貌形态为主要聚煤控制因素，煤层沉积主要起到填平补齐的作用。在地壳整体下降背景下，地下水位升高，低洼区变为沼泽，接受巨厚泥炭堆积，煤层厚度可达十余米。同时，由于周围隆起的阻隔，活动水系不易进入，煤层夹矸较少，很少有分叉，只在隆起区尖灭。如洼陷区有河流经过，煤层向河道方向分叉；同时，煤层向北部浅湖区分叉、变薄、尖灭。

（3）湖湾－三角洲聚煤模式。

这种模式主要出现在陇东、陕北榆神府和黄陇地区。湖区受三角洲朵叶体的影响，在靠近陆地一侧发育湖湾沉积。三角洲湖湾的聚煤模式可以分为三角洲充填、湖湾淤浅、沼泽化成煤3个阶段。

在整个三角洲建设过程中，三角洲平原沿分流河道两侧溢岸沉积作用形成的平坦低洼区通常沼泽化，但因分流河道频繁决口，改道分叉，沼泽持续时间短，故煤层较薄；而三角洲废弃期，可以形成广阔的泥炭沼泽，废弃的朵叶体间没有大的流水影响，泥炭沼泽发育，煤层厚度大，分布广泛且结构简单。湖湾区容易淤浅沼泽化，且有机质丰富，当三角洲内的泥炭沼泽与近岸湖湾区泥炭沼泽连片后，可以形成横向延伸远、分布范围广泛的煤层，煤层向浅湖区分叉、变薄、尖灭。

（4）天环坳陷聚煤模式。

天环坳陷地壳稳定性较差，构造活动频繁，沉降快，堆积了厚度较大的延安组地层，煤层累计厚度超过 30m，是除华亭煤田外，鄂尔多斯盆地煤层累计厚度最大的地区。该区内煤层层数多，但大多数煤层厚度不大，稳定性差。

该地区沉降较快，由于靠近物源区，沉积物供应充足，未出现深水区，主要发育河流泛滥平原，河漫湖沼沉积。由于构造活动活跃，沉积物的堆积与泥炭之间补偿平衡的机会多，泥炭沼泽多次形成，因而发育数层煤层。当均衡补偿持续时间较长时，才会形成厚度较大的煤层。坳陷东部沉降幅度小，物源不充足，长期为冲积平原型地貌，聚煤作用较差。

2）海陆交互泥炭沼泽相聚煤规律

展翅飞、黄光辉等研究认为，盆地自晚古生代进入克拉通盆地的发育时期，由于海水的快速入侵和缓慢退去，不同的沉积环境发育不同的沉积体系，其在空间的不同分布及配置形成了各种聚煤环境。其中，泥炭坪和泥炭沼泽是聚煤的两大主要环境。

太原组为陆表海沉积，聚煤环境主要为泥炭坪，主要包括潟湖泥炭坪、堡后泥炭坪、潮控三角洲及潮坪相泥炭坪；山西组煤层主要是在海退的背景下形成的陆相泥炭沼泽聚煤环境，主要包括（河流）岸后泥炭沼泽和三角洲平原泥炭沼泽、扇缘泥炭沼泽。晚古生代盆地聚煤模式主要有 3 种：太原组障壁海岸聚煤模式，太原组潮控三角洲聚煤模式，以及山西组河流（或三角洲平原）聚煤模式。

（1）太原组障壁海岸聚煤模式。

由于受波浪影响较弱，障壁岛后潟湖、潮坪等沉积生物繁茂，逐渐淤浅并发育为泥炭沼泽，随着海侵的进行，大规模的海侵使得泥炭很快处于深水环境，因而得以保存，在这种还原环境中，可以发生煤化作用最终成煤。这种模式发育的煤层分布广泛，厚度变化较大。

（2）太原组潮控三角洲聚煤模式。

河流注入海水潮汐作用较强的地区时，由于潮汐作用远大于河流作用，河流带来的砂质沉积在潮汐水流作用下重新分布，形成放射状排列的指状砂坝。随着海岸线的推进，涨潮带来的细粒物质不断在坝后沉积，形成广阔的潮成平原环境。平原上部靠岸地区受海水侵没和潮汐影响较小，有利于成煤植物的大量繁殖。同时，由于砂岩的压实作用远小于泥岩，砂坝存在的地方往往最先露出水面，成煤植物发育得早，容易形成厚煤层。随着潮成平原的建设，岸线的推进，成煤沼泽逐渐由砂坝的上方向两侧和前方扩展，形成广泛的泥炭沼泽环境。

（3）山西组河流（或三角洲平原）聚煤模式。

山西组沉积时，盆地北部和南部发育大规模的河流－三角洲体系，特别是北部，发育大范围的三角洲平原。河流体系中泛滥平原沼泽、岸后泥炭沼泽、地势低洼地区汇水发育的河漫湖泊都是有利的聚煤环境。同时，三角洲平原与前缘近岸地区有利于沼泽、成煤植物的发育、堆集和保存，最有利于聚煤作用的发生。

第 3 节　煤层气资源

鄂尔多斯盆地煤层气勘查程度相对较低，开发规模较小。上古生界煤层气勘探开发区主要集中在盆地东部，侏罗系煤层气勘探仅有位于黄陵和宁县地区的 2 口参数井。2000 年以来，中国煤炭地质总局、中国石油、中联煤等单位在鄂尔多斯盆地典型煤矿区开展了一定的煤层气资源调查工作。

截至 2015 年年底，中国石油、中国石化、中联煤、中国海油和陕西泰利新能源 5 家公司，共申报探矿权 23 块，面积约 $16295.6km^2$，探明煤层气含气面积 $1297.7km^2$，地质储量 $1254.7\times10^8m^3$，探明程度 0.91%，占全国煤层气资源总量的 19.9%。中国石油和陕西泰利新能源公司，在山西保德、陕西韩城两地区申报采矿权 3 块，面积约 $128.7km^2$，当年采出气量 $8.38\times10^8m^3$，累计采出气量 $17.54\times10^8m^3$。

1. 煤层气赋存地质特点

1）煤层烃源岩特征

煤层烃源岩特征主要包括煤的岩石学组成、煤级及煤中有机质含量，它们不仅影响煤的生烃能力，同时影响煤层对甲烷的吸附能力和煤层气的开发能力。

鄂尔多斯盆地煤层烃源岩有上古生界石炭系－二叠系太原组、山西组滨海沼泽相沉积的煤层和中生界延安组河、湖沼泽相沉积的煤层，上古生界煤层为主要煤层烃源岩。

（1）煤岩、煤质。

腐殖型煤岩中镜质体是煤层产气的最大贡献者，其次为惰质组。壳质组虽然产气率很高，但由于含量很少，对煤层气的贡献最小。古生界的煤镜质体含量远远高于中生界，灰质含量高于中生组，因此，古生界的产气能力优于中生界，煤质逊色于中生界。

（2）煤级。

煤层气含量随煤级的增高呈现急剧增高－缓慢增高－急剧增高－急剧降低的阶段性演化特征。当镜质体反射率（R_o）<1.3% 时，即褐煤至焦煤的初期阶段，煤层含气量随煤级的增高呈线性急剧增高；当 R_o 为 1.3%~2.8% 时，即焦煤、瘦煤、贫煤和无烟煤初期，为煤层气含量缓慢增高的第二阶段；当 R_o 为 2.8%~3.5% 时，即无烟煤早期，为

煤层气含量急剧增高的第三阶段；当 R_o>3.5% 时，即无烟煤中后期，为煤层气含量急剧降低的第四阶段；当 R_o 为 5% 时，煤层气含量降到 4m^3/t；当 R_o 为 6% 时，含气量接近 0。

上古生界煤 R_o 在 0.6%~3.0% 之间，为中高变质烟煤和无烟煤，处于大量生气阶段，是主要的烃源岩。延安组煤层 R_o 普遍小于 0.65%，煤变质程度较低，生气量较少，只有局部地区的煤层生气量较高。

2）煤系地层分布和含煤特征

（1）上古生界。

冯三利、叶建平等研究认为，太原组沉积厚度为 50~100m，总体上形成于广阔的滨海平原环境，该组共含煤 5~12 层，可采煤最大累计厚度达 36.5m。吴堡区块以南至韩城一带的广大地区，含煤 3~7 层，一般厚度为 4~8m，最大达 12.42m。

太原组 R_o 在 0.6%~3.0% 之间。盆地东部，由东北向西南逐渐增大，临县－神木－杭锦旗一带往东北 R_o<1%，中部地区 R_o 在 1%~2% 之间，靖边－大宁西南一带 R_o 大于 2%，最高为 3%；盆地西北部乌海－银川一带 R_o 大于 1%，汝箕沟一带 R_o 最高达 3%。盆地煤级整体由北往南增高，分带明显。盆地东部由北往南，从长焰煤、气煤、肥煤、焦煤至瘦煤、贫煤，各煤级依次出现；盆地中区由北往南，由肥煤、焦煤变为瘦煤、贫煤，至吴旗以南、正宁以北、延安以西则变质为无烟煤，至铜川变为瘦煤、贫煤；盆地西缘煤级变化复杂（图 2-8、图 2-9）。

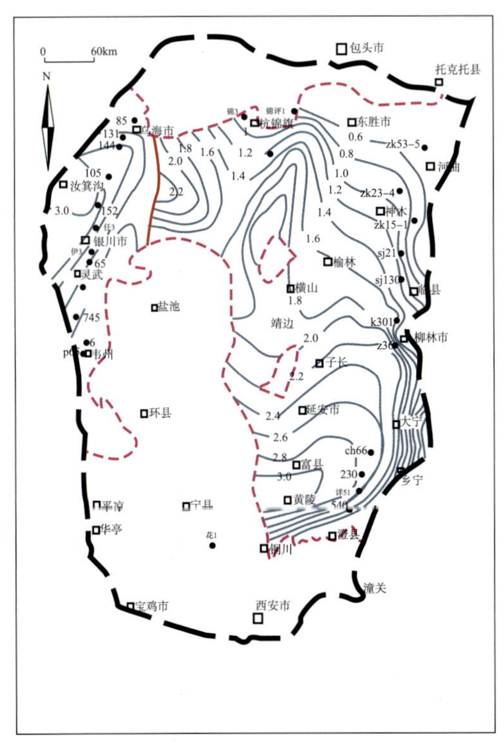

图 2-8 太原组 R_o 等值线图

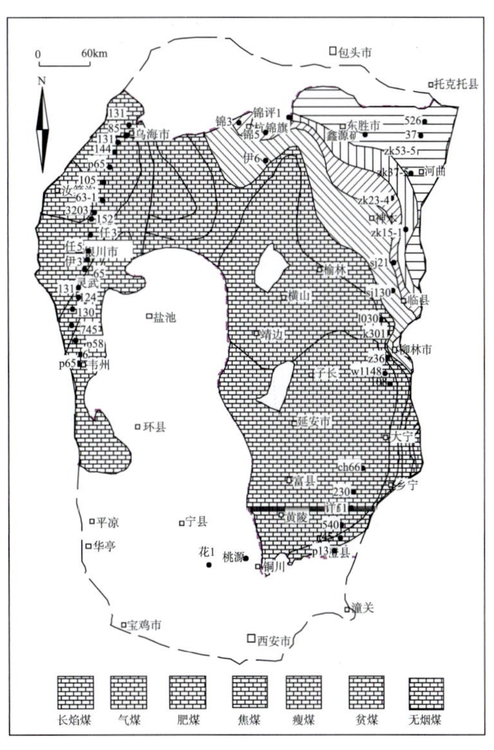

图 2-9 太原组煤级分布图

山西组厚 60~100m，煤层主要发育于盆地的西缘、北部及东部，含煤 2~5 层，在乌海至横山堡一带煤层累计厚度一般大于 12m；在陕西北部地区可达 10m，其中，府谷地区厚 0~13.13m，吴堡一带一般厚 1.6~5m；河东煤田一般厚 6m 左右，其中，北部厚度可达 16m，南部韩城厚 0.18~9.25m，一般厚 1~5m；在榆林－延川－合阳一线以西该组煤层基本不发育。山西组煤的镜质体反射率变化规律与太原组相似，但其在盆地中部 R_o 为 1%~2% 的范围比太原组大，无烟煤与贫煤的范围较小，高煤级与低煤级煤层发育的范围较小（图 2-10、图 2-11）。

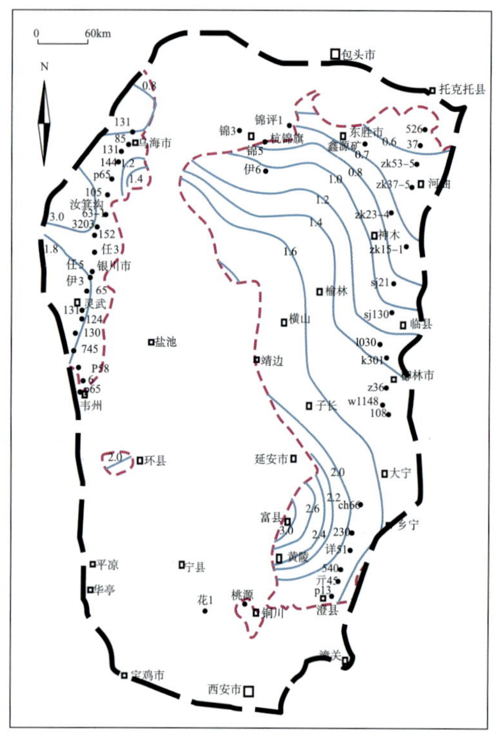

图 2-10 山西组 R_o 等值线图

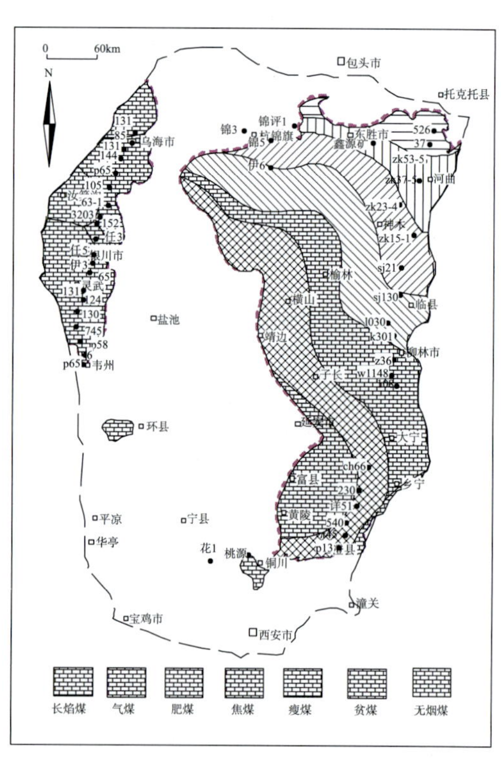

图 2-11 山西组煤级分布图

（2）侏罗系延安组。

张培河研究认为，侏罗系厚度为 200~400m，主要含煤层段为延安组，自下而上分为 5 个煤组，10~15 个煤层，最大累计厚度为 36m，主要可采煤层 5~7 层，可采煤层累计厚度一般为 15~20m。主要可采煤层发育在盆地南部和北部，中部仅有煤线发育。

延安组煤层的热演化变质程度较低，R_o 为 0.42%~0.75%，只有汝箕沟矿区 R_o 达 2.5%，煤级多为褐煤和长焰煤、气煤（图 2-12）。

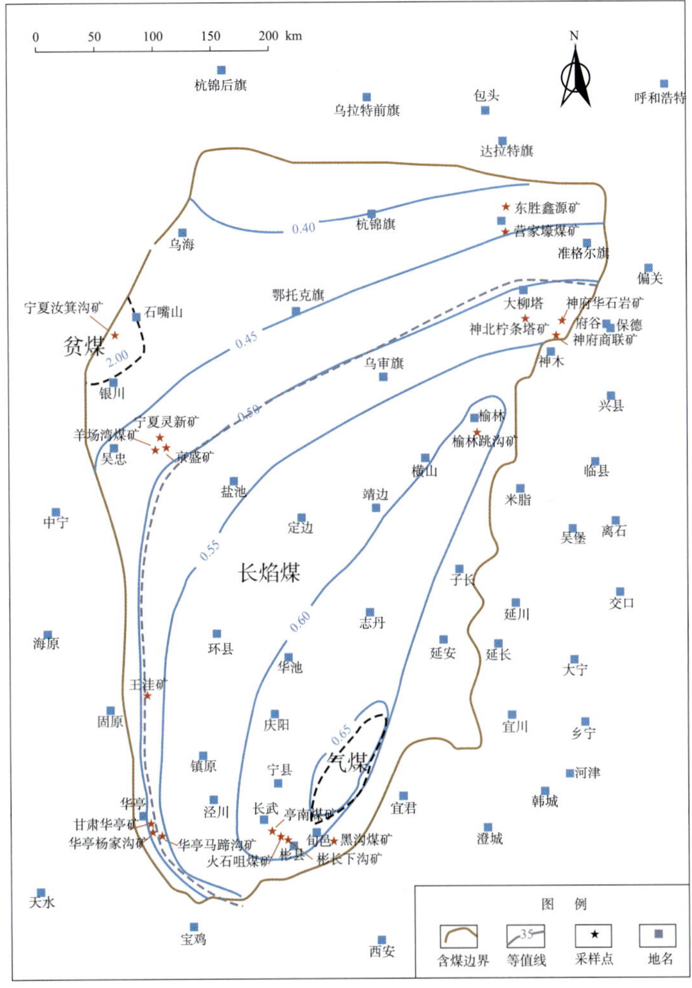

图 2-12　延安组煤层 R_o 及煤级分面图

2. 煤层含气性特征

1）煤层特征

煤层既是烃源岩又是气储层，煤层作为储层具有典型的双孔隙结构，即由基质孔隙和裂隙组成，且具有自身独特的割理系统。煤的基质孔隙决定着煤层的吸附能力，裂隙对煤层气的运移和产出起决定作用。

（1）煤层的微裂隙。

从实用角度出发，可将微裂隙划分为 A、B、C、D 共 4 类：A 类，裂隙宽度（W）>5μm，且长度（L）>10mm；B 类，W≥5μm，10mm≥L>1mm，且连续较长；C 类，W<5μm，1mm≥L>300μm，有时时断时续延伸；D 类，W<5μm，L<300μm，且延伸较短。

上古生界煤储层的微裂隙以 D 类为主，占 63.87%，裂隙密度为 0.1~234 条 /cm^2，平均达 8.5 条 /cm^2；其次为 C 类，占 30.8%，B 类仅占 5.3%，裂隙密度分别为 0.1~74 条 /cm^2、0~19 条 /cm^2；A 类少见。由南向北 B 类微裂隙所占的比例增加，在南部韩城、铜川－河津一带占3%~8.5%，在中部柳林地区占22.2%，在北部府谷－保德一带占6.9%~22.6%。在韩城、柳林、保德地区发育少量的A类微裂隙。

延安组煤储层微裂隙以C类、D类为主，分别占29.8%、64.6%，裂隙密度分别为1.6~3.1条/cm^2、4.9~5.4条/cm^2；B类仅占5.7%；A类少见。微裂隙密度以东胜、神北地区为最高，甘肃华亭地区较高，汝箕沟地区较低。延安组煤储层微裂隙不发育，较之石炭系－二叠系，延安组煤微裂隙的渗透性贡献相对较弱。

（2）煤层的孔隙结构。

上古生界煤储层孔隙具有双峰分布特点，以微孔－小孔和大孔为主，尤以微孔－小孔占优势，平均含量为73.2%；大孔平均含量为19.67%；除铜川矿区与澄合王村矿区中孔含量为10.18%~21.74%外，其他区块中孔含量均小于10%。孔隙喉道尺寸平均为10.8μm，峰态平均值为2.97。煤的退汞效率一般为30%~99%，平均为90%。

延安组煤层孔隙中微孔－小孔含量普遍高，所有样品的中孔均不发育。平面上，盆地西部煤层结构特征呈双峰形，大孔和微孔－小孔发育，中孔不发育；盆地东部微孔－小孔发育，中孔、大孔均不发育。

（3）煤层的物性特征。

①上古生界煤层的物性特征。

石炭系－二叠系煤层孔隙度为3.1%~10.31%，平均为5.45%。南部地区煤层孔隙度较小，中部、北部孔隙度大于5%。南部铜川地区煤层孔隙度为1.6%~5.5%，平均为2.95%，中部柳林地区煤层孔隙度为5.9%，北部府谷地区煤层孔隙度为6.5%。

煤层渗透性在各区变化较大，渗透率一般在0.007×10^{-3}~$73.9 \times 10^{-3}\mu m^2$之间，平均渗透性较好，平均渗透率为$6.354 \times 10^{-3}\mu m^2$。韩城地区渗透率为$0.007 \times 10^{-3}$~$0.247 \times 10^{-3}\mu m^2$。府谷五一矿区、铜川桃园矿区渗透率较低，为$0.018 \times 10^{-3}$~$0.059 \times 10^{-3}\mu m^2$。渗透率与孔隙度关系密切，无裂缝影响时，一般情况下，随着孔隙度的增大，煤层的渗透率有增大的趋势。

②延安组煤层的物性特征。

延安组煤岩主要处于高挥发分烟煤阶段，储层孔隙度较高，达5.2%~20.0%。汝箕沟无烟煤岩层孔隙度达3.32%~13.5%；东胜煤田和华亭矿区孔隙度为16.7%~29.2%。

延安组煤层渗透率样品较少，以华亭矿区HK81样为代表的低煤级煤渗透率达$1.12 \times 10^{-3}\mu m^2$，渗透性较好；汝箕沟无烟煤渗透率不到$0.5 \times 10^{-3}\mu m^2$，渗透性较差。渗透率与孔隙度关系不大，而与裂隙发育程度有关。

2）煤层气含量

（1）上古生界煤层气含量。

上古生界原煤兰氏体积普遍较高，含量一般为9.66~36.66m^3/t，平均为15.82m^3/t，以东南部和西北部相对较高，而东北部及西南部相对较低。盆地内煤层兰氏压力相对较小，一般为0.31~2.23MPa，平均为0.96MPa。

太原组：盆地的东缘含气性较好，从河曲到神木临县，含气量由 $4m^3/t$ 上升到 $8m^3/t$，从榆林、临县往南含气量逐渐增高，最高可达到 $20m^3/t$，含气量最高点在乡宁－韩城一带；盆地的西北部含气量为 $6\sim12m^3/t$，相对东部来说含气量较低（图 2-13）。

山西组：盆地的东缘含气量从东往西（即向盆地的内部）逐渐升高，最高达 $20m^3/t$；盆地的东北部煤层埋深较浅，含气量低于 $2m^3/t$；盆地西北部，煤层发育较厚的地方，煤层气含量为 $16\sim20m^3/t$，从西往东（即由盆地的边缘向中心）逐渐升高（图 2-14）。

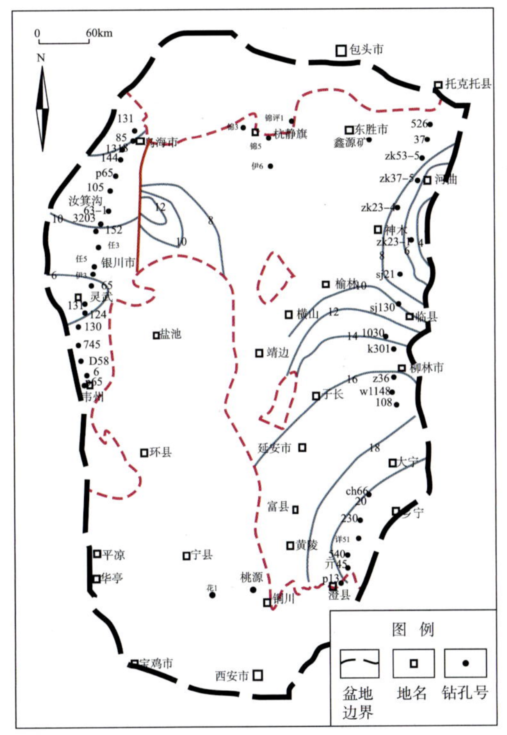

图 2-13　太原组煤层气含量等值线图

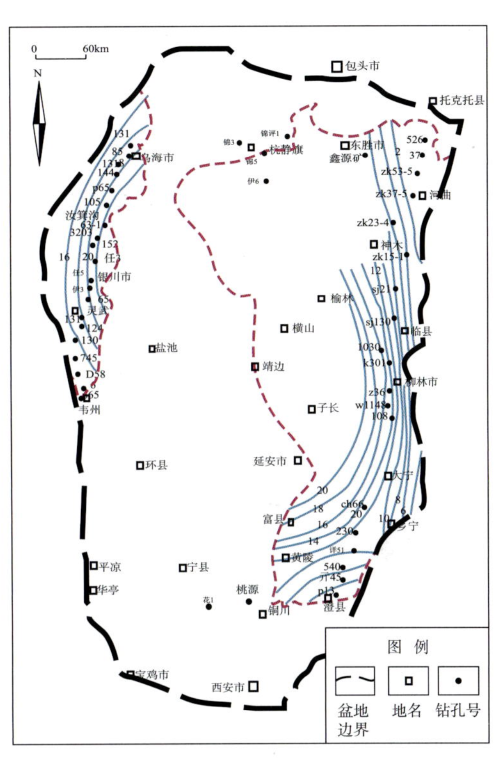

图 2-14　山西组煤层气含量等值线图

（2）延安组煤层气含量。

延安组原煤兰氏体积与煤级变化密切相关，盆地南部明显高于北部，除汝箕沟区块最高达 $26.2m^3/t$ 外，其他区域普遍在 $4.26\sim12.75m^3/t$ 之间，平均为 $12.54m^3/t$（图 2-15）。煤层兰氏压力相对较低，其变化范围为 0.47~2.0MPa，平均为 1.08MPa。

延安组含气量相对较少，侏罗系实测煤层气含量在黄陵、焦坪矿区为 $3.0\sim8.0m^3/t$。彬长矿区煤层平均埋深为 600m，含气量为 $0.0\sim6.29m^3/t$，华亭矿区只有 $0.01\sim1.18m^3/t$。根据煤的吸附性能、煤岩学特征、煤层气的生成和保存条件，预测延安组深部区域煤层气含量可达 $8m^3/t$ 以上（图 2-16）。

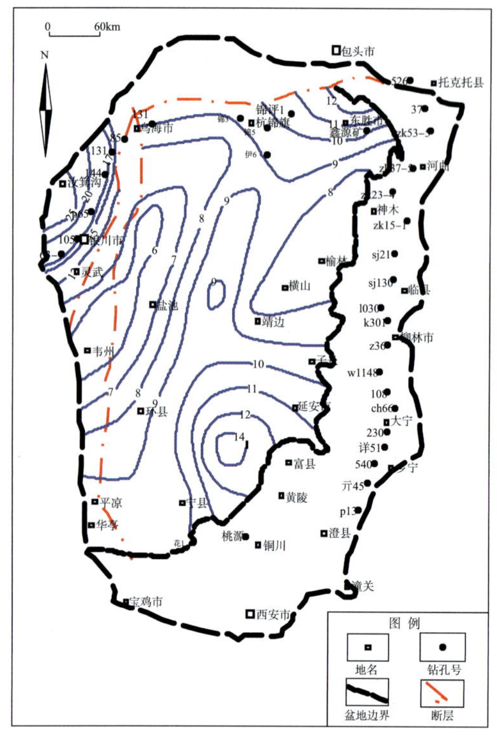

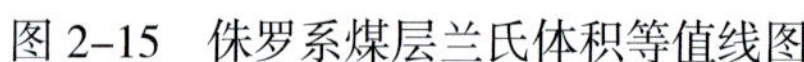
图 2-15 侏罗系煤层兰氏体积等值线图

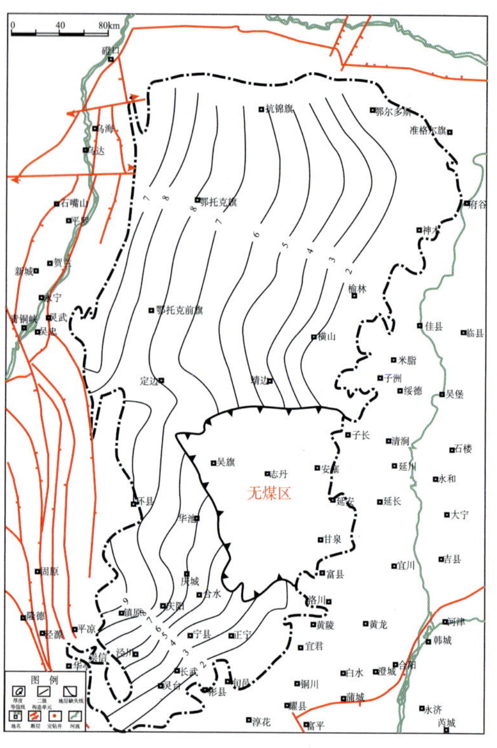

图 2-16 延安组煤层气含量等值线图

3）煤层气分布

鄂尔多斯盆地东缘、南部的渭北煤田和西缘桌贺煤田是石炭系－二叠系煤田的分布区。勘探实践证实，盆地东缘神木－宜君地区是煤层气主要富集区，1000m 以浅煤层气资源量占 83%，煤层气含量普遍大于 4m³/t，最高可达 23.25m³/t。盆地东缘构造简单，是煤层气开发的最有利地区。盆地西部煤层气含量较高，但煤层埋藏深，构造复杂，不利于煤层气的开发。

侏罗系煤的含气量实测资料比较少，总体上煤层气含量大多很低，但在局部地区和煤层埋深较大的地区，含气量较高。黄陇侏罗系煤田，少数地区含气量达 4~8m³/t，大多含气量较低；彬长矿区煤层深度为 311.96~885.1m，甲烷含量为 0.01~6.29m³/t，煤层气在南部大佛寺井田相对较富集；陇东华亭矿区煤层深度为 531~1009m，煤层气以氮气为主，甲烷含量只有 0.01~1.18m³/t；在安口－新窑矿区，煤层深度为 280~483m，处于煤层气风化带，甲烷含量为 0。

盆地东缘古生界及盆内中生界煤层气分布区块可划分为 4 类：Ⅰ类为最利区块，煤层气资源丰度高，煤层埋深适中，构造条件、煤层物性好；Ⅱ类为有利区块，主要受煤层厚度及埋深的影响，受构造影响不大；Ⅲ类为一般性区块；Ⅳ类为较差区块。Ⅲ类、Ⅳ类区块以构造影响为主，主要受大的断层影响，同时，正断层的不利影响大于逆断层。区块多是沿着大型正（逆）断层的走向发育，对于煤层气开发极为不利。

（1）盆地东缘上古生界煤层气分区评价。

太原组煤层气Ⅰ类区块主要分布在盆地东缘北部的三交地区，且呈条带状一直延伸到盆地东缘南部的韩城地区，固贤西北部、府谷保德西北部也有少量分布；Ⅱ类区块主要分布在Ⅰ类区块的周边，中部榆林－子洲－三交一带有较广泛发育；Ⅲ类区块主要分布在盆地西南缘子洲－延长一带，以及北部的神木一带；Ⅳ类区块主要分布在盆地东缘的周边地区，面积约为全区的15%（图2–17）。山西组煤层气Ⅰ类区块主要分布在子洲、三交－柳林、延川、大宁－吉县、韩城等区域，呈块状分布；Ⅱ类区块分布于东缘的中部，面积约占全区的40%；Ⅲ类区块主要分布于盆地东缘的北部；Ⅳ类区块主要集中在盆地东缘北部的准格尔旗地区（图2–18）。

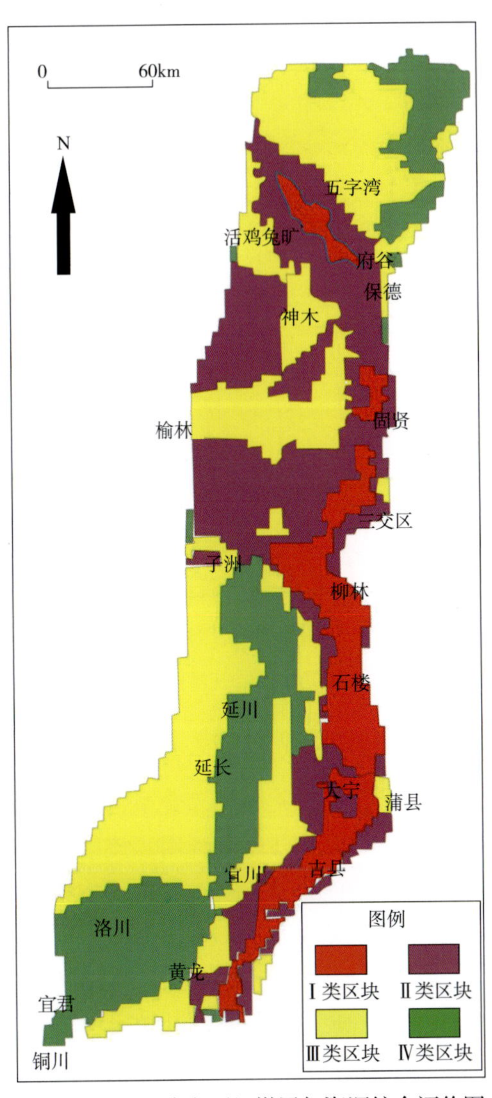

图2–17 盆地东缘太原组煤层气资源综合评价图

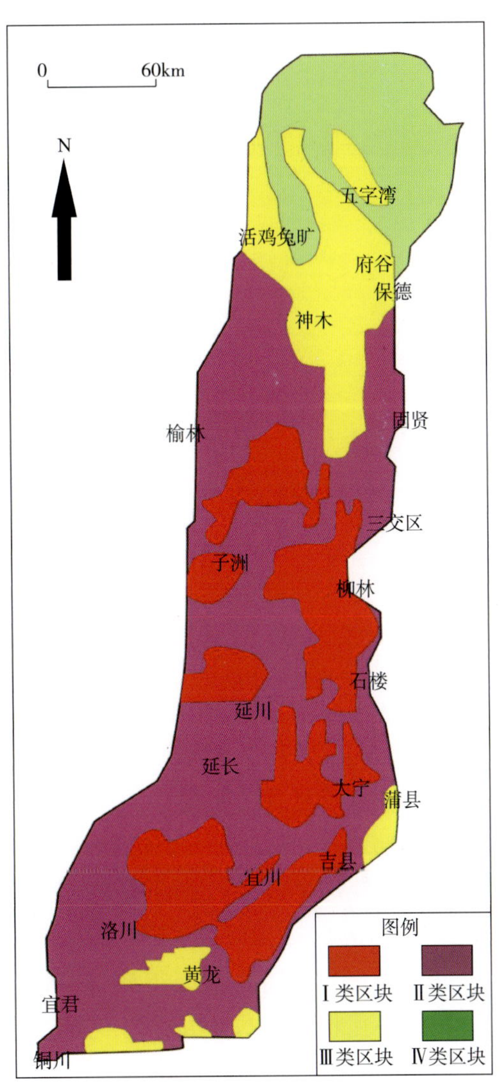

图2–18 盆地东缘山西组煤层气资源综合评价图

（2）延安组煤层气分区评价。

鄂尔多斯盆地侏罗系延安组煤层煤化程度低、含气量低，缺乏Ⅰ类区域；Ⅱ类区域局限在南部的彬长区块和盆地中部靖边–横山–乌审旗一带南部；Ⅲ类、Ⅳ类区块广泛分布（图 2–19）。

（3）盆地西缘煤层气分区评价。

盆地西缘中生界、古生界两套煤层交织赋存，是煤层演化程度高的地区，也是煤层气的主要富集地区（图 2–20）。

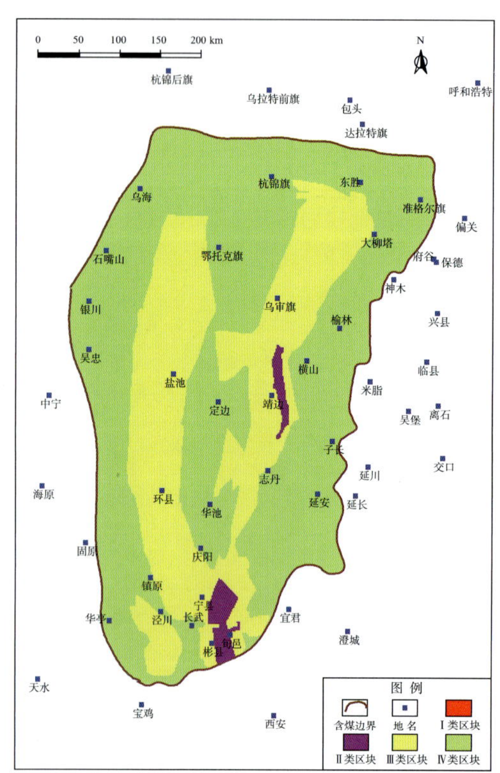

图 2–19　侏罗系延安组煤层气资源综合评价图

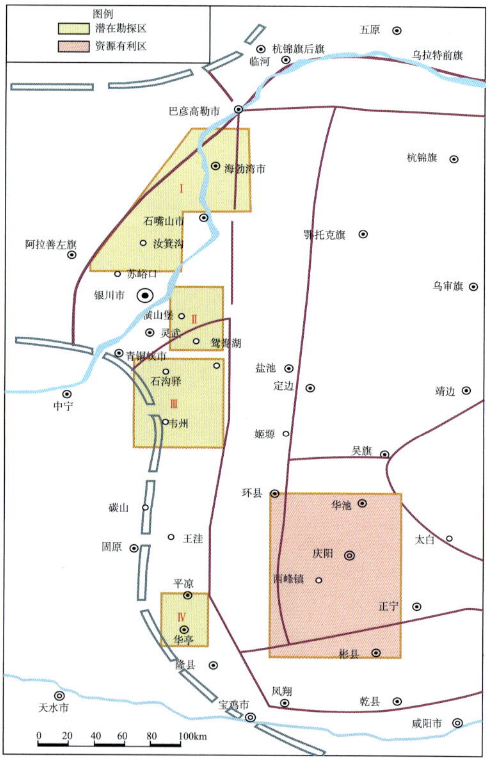

图 2–20　盆地西缘煤层气潜在资源分布区域

①贺兰山复式向斜苏峪口以北地区。褶皱构造特别发育，向斜、背斜构造相间出现，总体表现为复式向斜构造，为贺兰山逆冲席的尾部。石炭系–二叠系含煤岩系除在向斜核部埋藏超深以外，其余部位均因褶皱总体翘起而可以开发利用。该区有贺兰山煤田、汝箕沟煤田、二道岭煤田，且煤层大部分分布在 2000m 以浅部位，为中–高变质程度，特别是燕山期的岩浆活动，可以导致无烟煤的形成。

②横山堡冲断带色伦卡得庙以南地区。构造较复杂，以十余条东倾西冲的逆断层构成的叠瓦状为基本构造骨架，还包括一系列挤压断块、次级断层、褶皱等构造，断面具有较好的封闭性。含煤 1~15 层，煤层累计厚度为 16m 左右，埋深多在 2000m 以浅。

③马家滩–甜水堡的烟墩山和石沟驿逆冲席。中生代地层厚达千米以上，其下为

二叠系和石炭系，奥陶系顶面埋深大于3000m。受燕山运动影响，中生界产生了大量褶皱和断裂构造。烟墩山逆冲席的侏罗系煤系埋深基本在1500m以浅；古生界煤系埋深则在3000~4000m之间，目前无法利用。石沟驿逆冲席延安组仅残留在石沟驿一带，面积约100km^2，埋藏深度均为2000m以浅，浅部早已在开发利用。古生界煤系大部分埋藏过深，只在青龙山－平凉主断裂东侧西黄葫芦一带以及萌城以北分布，埋深在2000m以浅。该区煤储量大，埋深在2000m以浅的煤层多为侏罗系煤层。

④华亭逆冲块。主要由崆太韩背斜带（包括太统山背斜、麻川背斜、韩家河背斜等）、下关背斜群、华亭向斜带（包括崆峒山向斜、华亭向斜等）及唐家沟逆断层等次级构造组成。其中，华亭向斜由侏罗系和三叠系构成，华亭逆冲块为燕山运动时构造破坏的残留含煤块段。

3. 煤层气成藏的主控因素

1）煤层埋深

煤层埋深对煤层气含量影响较大，特别是对低煤级煤层，埋深对其煤层气的富集成藏影响更为关键。1000m以浅处，煤层埋藏深度与甲烷含量呈正相关关系；但1000m以深处，煤层物性变差，不利于煤层气的开发。对于低煤级煤层气成藏来说，随着深度的增加，顶底板岩石压实作用增强，埋深较大的部位往往可以减少煤层气的逸散，因而有利于煤层气的成藏。

2）煤层厚度

煤层气形成于煤层之中，并且在煤层之中富集储存。煤层作为煤层气的载体，其厚度和规模在很大程度上制约着煤层气的含量，煤层厚度大的部位往往是含气量高的部位。对于低煤级煤层气来说，煤储层含气量较低，要达到一定的资源规模需要相当数量的煤炭资源作为支撑，厚煤层是低煤级煤层气资源的保障。

3）构造作用

构造作用直接或间接控制着从含煤地层形成至煤层气生成聚集的全过程，是煤层气控制地质因素中最重要的因素。聚煤期构造控制着煤系及煤储层的发育、分布和埋藏特征。

鄂尔多斯盆地内部构造以隆起、坳陷、宽缓褶皱为主要形式，构造简单，构造改造弱，地层倾角一般为1°~3°。周缘活动性较强，褶皱、断裂形迹密集，岩浆活动发育，地层倾角大。盆地内部整装平缓的构造背景有利于煤层气的运聚和保存，周缘断层分割地区则极易成为良好的封堵条件或运移通道。

4）水文条件

水文地质条件对煤层气具有水力封闭和水力驱替－运移双重作用。

鄂尔多斯盆地是一个由多个含水层系统构成的半开启型大型地下水盆地。盆地内地下水的主要补给来源是大气降水，地下水总体上从各自的补给区向当地排泄基准面方向径流，黄河及其主要支流是盆地地下水的最终排泄渠道。

5）煤层围岩封闭性

煤层顶底部岩层的封闭性对煤层气的保存和富集起着十分重要的作用，对于低煤级煤层气藏中游离气的保存尤为重要。良好的封盖层可以减少煤层气的扩散和渗流散失，保持较高的地层压力，维持较高的含气量。

第 4 节　天然气资源

1. 天然气资源勘探现状

鄂尔多斯盆地天然气勘探工作始于 20 世纪 50 年代，4 次勘探思路的重大转变迎来了大发展：① 20 世纪 80 年代中期，天然气勘探主战场由盆地周边向盆地腹部转移，发现了以镇川堡气田为代表的多个上古生界气藏；② 20 世纪 80 年代末期，勘探思路从构造圈闭向地层岩性圈闭转变，短期内发现并探明了靖边奥陶系古风化壳气田；③ 20 世纪 90 年代中期，将勘探重点从下古生界向上古生界碎屑岩岩性圈闭转变，发现了乌审旗和榆林两个含气区，进入了盆地天然气勘探重要发展阶段；④ 20 世纪 90 年代末，坚持在上古生界大型砂岩岩性圈闭勘探，寻找高渗高产区，发现了世界级特大型气田——苏里格气田，扩大了榆林气田周边的含气规模。

截至 2015 年年底，鄂尔多斯盆地天然气资源总量约为 $15.16\times10^{12}m^3$，占全国天然气资源总量的 24.45%；中国石油、中国石化和延长石油三家油气勘查单位，累计上报油气探矿权 56 个，面积 $199549km^2$，探明天然气面积 $3.298\times10^4km^2$，地质储量约 $3.565\times10^{12}m^3$，占盆地天然气资源量的 23.5%，占全国探明天然气地质储量的 27.4%；共申报天然气开发权 13 个，面积 $37289.4km^2$，靖边与安塞油气叠合矿权 2 个，面积 $7916.7km^2$，累计发现气田 15 个（含油气田 2 个），其中，靖边气田、苏里格气田、榆林气田、乌审旗气田、大牛地气田等 5 个气田探明储量均超过千亿立方米（图 2-21）。

“十二五”以来，鄂尔多斯盆地天然气产量稳步逐年增长，产量增加趋势位于各大含油气盆地之首。作为中国最大的天然气主产区之一，鄂尔多斯盆地天然气稳定供应以北京为核心的华北地区和陕甘宁内蒙古区域，形成了安全的气源地。

2. 上古生界天然气赋存特征

1）天然气藏地质特征

鄂尔多斯盆地致密砂岩大气田是介于常规与非常规或不连续型与连续型之间的一种过渡类型气田，称为“准连续型”天然气聚集；主要赋存于上古生界致密砂岩储层中，且广泛分布于上古生界中下部，特别是二叠系山西组与下石盒子组，此外，太原组、上石盒子组和石千峰组、奥陶系海相碳酸盐岩均有少量天然气产出。

其主要特点是，天然气大面积准连续分布，无明确气藏边界；圈闭介于常规圈闭

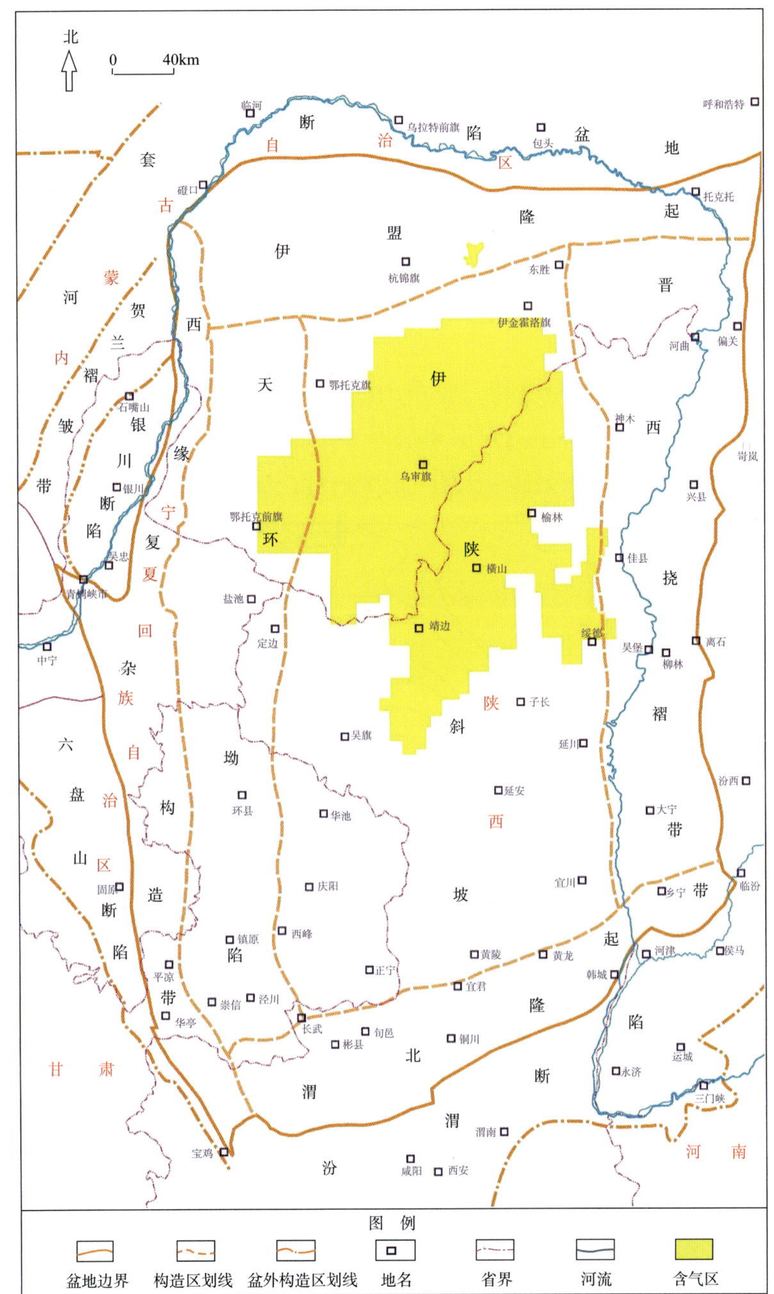

图2-21 鄂尔多斯盆地天然气采矿权分布图

与无圈闭之间，主要由非常规岩性圈闭和动力圈闭组成；气水分布复杂，无明显边、底水；天然气运移为非浮力驱动，近距离成藏。

大气田的形成与分布主要受烃源岩和储层等因素控制，“准连续型”致密砂岩天然气成藏模式预示着鄂尔多斯盆地上古生界天然气资源丰富，勘探潜力较大。

2）天然气成藏关键要素

广泛发育的上古生界石炭系－二叠系煤系地层烃源岩，与叠合分布的海陆过渡－

陆相湖泊的致密碎屑岩沉积体系有效空间配置，是鄂尔多斯盆地上古生界天然气成藏的关键因素。

（1）上古生界烃源岩。

戴金星等研究认为，鄂尔多斯盆地上古生界发育的石炭系－二叠系烃源岩是一套广覆性的海陆过渡相至陆相的含煤岩系，包括煤系、暗色泥岩和生物碎屑灰岩3种类型。烃源岩全盆地均有分布，在盆地东部和西部分布厚度最大，盆地中部相对较薄，总体上分布比较稳定。煤岩、暗色泥岩和灰岩是气源岩的基本岩类，其中，煤岩和暗色泥岩是最重要的烃源岩。

煤层主要位于石炭系太原组和二叠系山西组，在盆地内广泛分布，煤层总厚度为0~25m，局部可达40m以上，主力煤层单层厚5~10m。盆地西部和东北部为煤层相对富集带，南部煤层相对较薄，在吴旗－庆阳－正宁一带，煤层厚度大多小于6m（图2-22）。

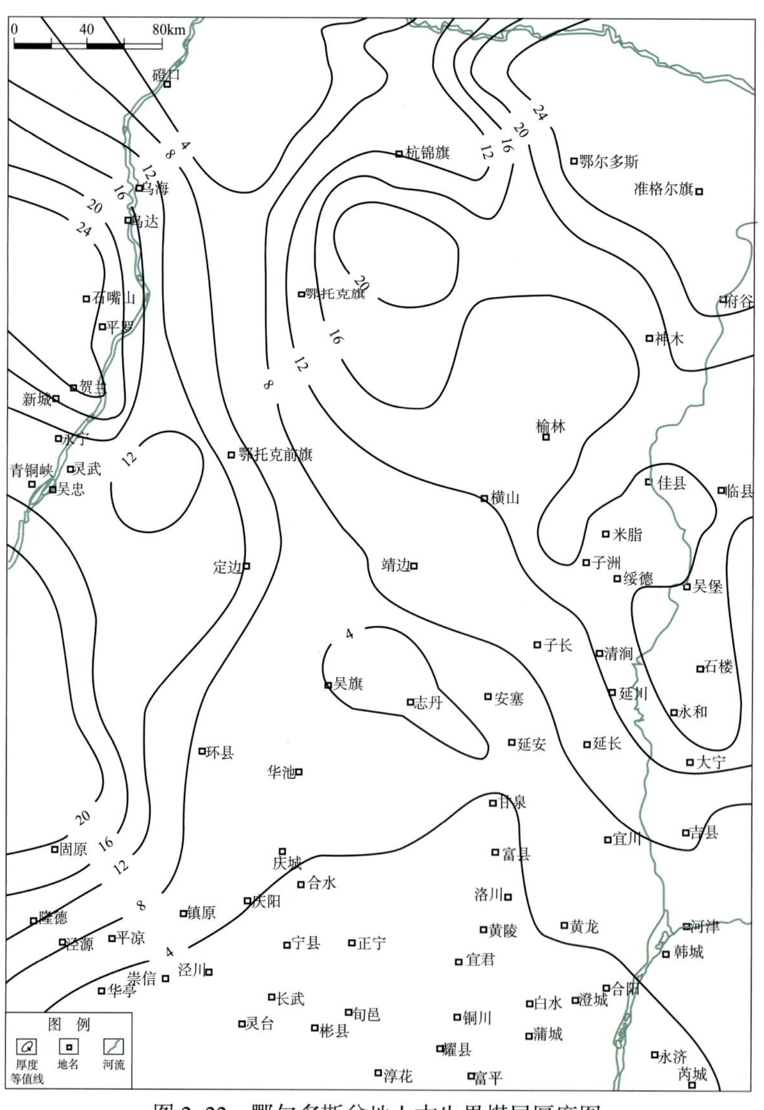

图2-22　鄂尔多斯盆地上古生界煤层厚度图

暗色泥岩位于石炭系和二叠系山西组，受晚石炭世和早三叠世盆地沉降和沉积体系的影响，在盆地西部乌达、韦洲地区发育厚度达200m以上，向盆地内部厚度快速减小；在东部厚度一般为100~130m，向盆地内部厚度缓慢减小；在盆地中部厚度稳定，一般为60~100m；在盆地南北两侧厚度较小（图2-23）。

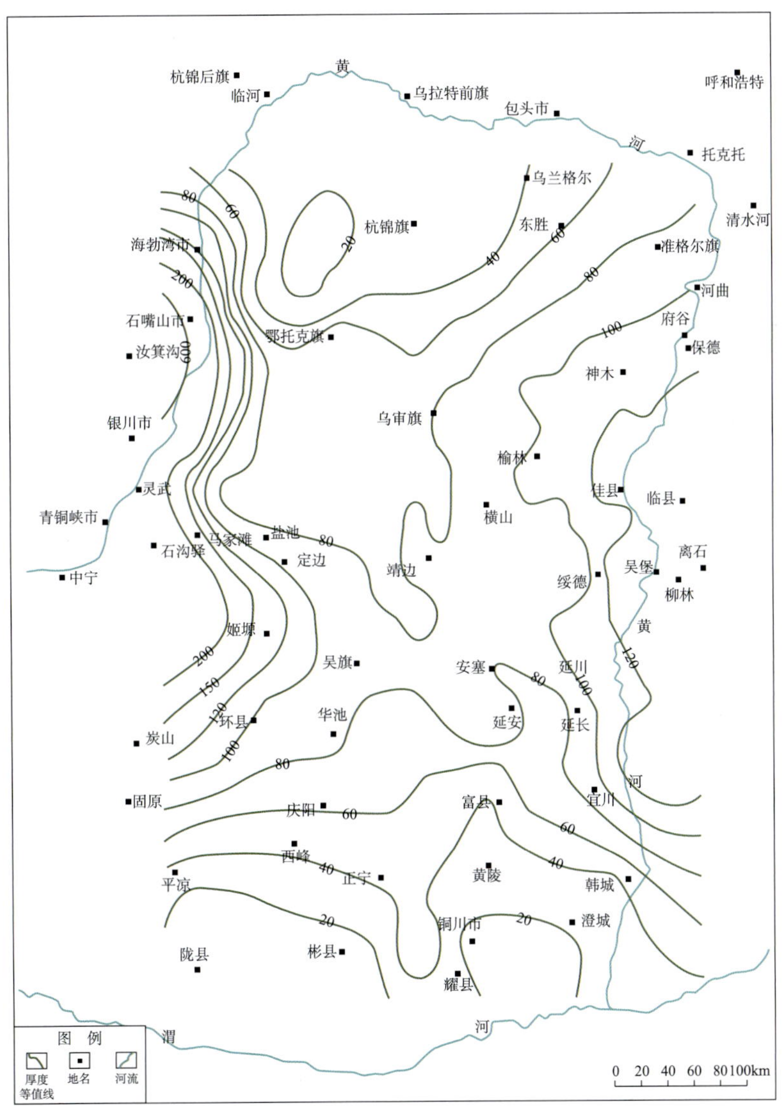

图2-23 鄂尔多斯盆地上古生界暗色泥岩厚度图（据戴金星等，2000，有改动）

（2）上古生界沉积体系与储层特征。

晚古生代沉积历史分为两大阶段：从晚石炭世本溪期开始至太原期，主要发育一套海陆过渡相的碎屑岩沉积体系；从早二叠世山西期至晚二叠世石千峰期，盆地内主要发育陆相湖泊沉积。

华北地台在沉积了寒武系及奥陶系后，晚加里东运动使秦祁海槽关闭并上升为陆，经历了长达150~130Ma的风化剥蚀。至海西运动中期，秦祁海槽和中亚－蒙古海槽再度拉开，整个鄂尔多斯地块发生区域性沉降，早古生代消亡的贺兰坳拉槽重新复活，区域构造继承了早古生代北北东向隆坳构造，以横亘南北的中央古隆起为中心，西缘断裂（岗德尔－西来峰断裂）以西为贺兰裂陷带，以东为克拉通内浅坳陷。盆地西缘在中石炭世开始接受沉积，而东部直到晚石炭世中后期才开始接受沉积。

在本溪期和太原期沉积之后，到海西旋回末期，南北海槽的再次对挤、夹击，使海水被迫退出该区，从而结束了该区本溪期海侵初期发育的湖、障壁、潮坪沉积体系填平补齐沉积和太原期海相频繁快速海侵和缓慢海退形成的浅水陆棚、潮坪和三角洲沉积体系沉积。进入早二叠世山西期后，开始发育陆相湖泊－三角洲沉积体系沉积。

①晚石炭世太原期。

继本溪期沉积之后，随着盆地沉降，海水自东、西两侧分别向中央古隆起和向北扩大，潮坪、湖和滨岸沉积逐渐超覆于中央古隆起的奥陶系古侵蚀面之上，使中央古隆起被浸于水下，东、西两侧形成一个统一的海域。但古隆起地形仍对沉积有一定程度的控制，东部地区以陆表海沉积为主，西缘地区转化为裂后坳陷，成为相对陆表海沉积中的坳陷带。该期古地理格局总体表现为冲积扇、三角洲、潮坪－浅水陆棚碳酸盐岩、障壁岛等沉积体系共存，并形成陆源碎屑与碳酸盐岩的混合沉积。北部杭锦旗－东胜一带发育冲积扇和冲积平原沉积，乌达地区以三角洲沉积为主，沉积厚度达300m。中北部、中部和南部地区主要发育潮坪沉积，其中，伊金霍洛旗－保德地区为三角洲沉积。中东部地区（临县－安塞－吉县一带）为滨岸和浅水陆棚环境的微晶灰岩、生物屑灰岩和煤层沉积，夹厚度不大的三角洲砂体。西缘坳陷区为海湾湖沉积，有障壁岛发育。

②早二叠世山西期。

太原期沉积后，区域构造环境和沉积格局发生了显著变化。因华北地台整体抬升，海水从鄂尔多斯盆地东、西两侧迅速退出，盆地性质由陆表海盆演变为近海湖盆，沉积环境由海相转变为陆相，东、西部差异基本消失，而南、北部差异沉降和相带分异增强，总体沉积面貌为以吴旗、富县、宜川、延长地区为盆地沉降中心，发育浅湖沉积，周缘滨湖区则以三角洲沉积为特征，砂体具有向湖盆强烈进积的层序结构。盆地可分为5个三角洲沉积体系，包括保德－米脂三角洲、乌审旗－靖边复合三角洲、石嘴山－银川三角洲、固原－平凉三角洲和铜川－韩城三角洲。

山2早期，鄂尔多斯盆地处于海盆向湖盆转化和区域构造活动的重新分化与组合的过渡时期，区域构造活动较为强烈，导致北部物源区的快速上升，作为地壳均衡响应的沉积作用，在盆地内形成大面积的砂体富集区，成为储集砂体发育的有利地带；到山2后期，气候温暖潮湿，河间洼地普遍发育沼泽，是盆地的重要成煤期。

山1期，古地理面貌发生了较大变化，主要表现为随着北部区域构造活动的日趋稳定，物源供给减少，盆地进入相对稳定沉降阶段，发生较大规模的湖侵（图2-24）。伴随着湖侵的不断扩大，三角洲体系向北收缩，沉积相带相应北移，南部发育广泛浅湖亚相泥质沉积。

③早二叠世下石盒子期。

进入二叠世早中期，气候由温暖潮湿变为干旱炎热，植被大量减少，从而沉积一套灰白色、黄绿色的纯陆源碎屑建造（图 2-25）。初期伴随区域构造活动的继续加强，北部古陆进一步抬升，物源丰富，季节性水系异常活跃，沉积物供给充分，相对湖平面下降，河流－三角洲体系向南推进，三角洲沉积异常发育。后期伴随着北部物源区抬升的再次减弱，沉积物补给通量减小，湖平面上升，河流作用减弱，湖泊作用增强。

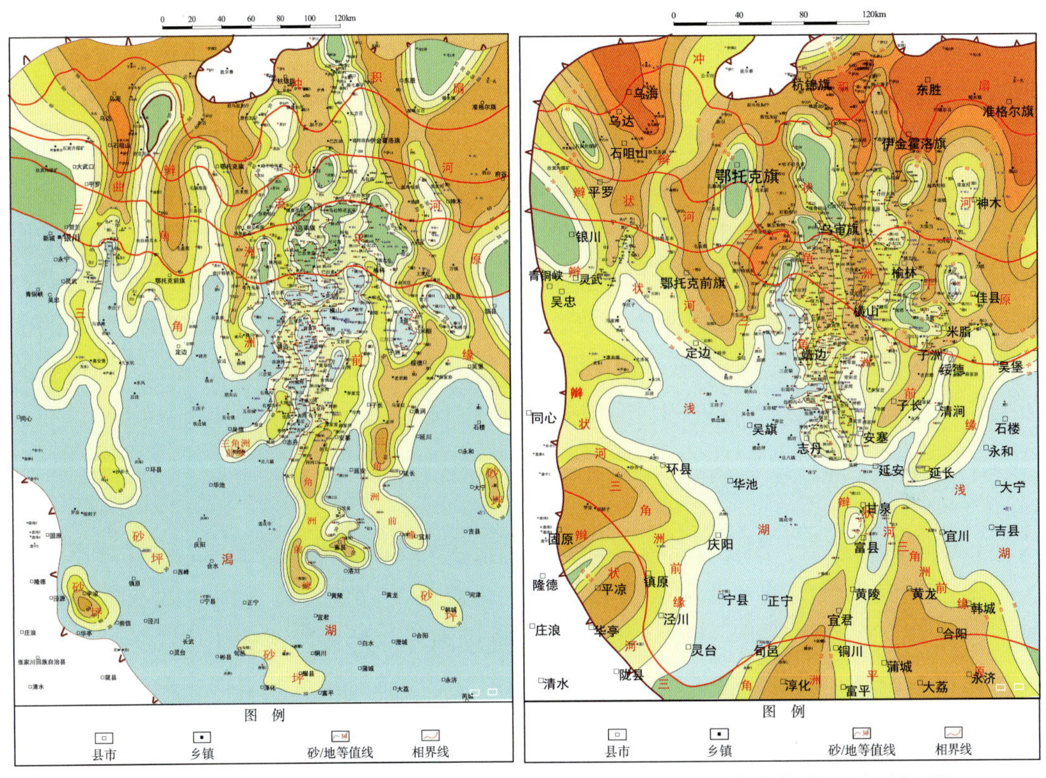

图 2-24 鄂尔多斯盆地山西组山 1 段沉积相图

图 2-25 鄂尔多斯盆地下石盒子组盒 8 段沉积相图

该期古地理格局自山西期具有一定的继承性，但也发生了较大变化。北部鄂 2 井和召探 1 井区发育两个规模较大的冲积扇，石嘴山－杭锦旗－准格尔旗一带为冲积平原发育区，在冲积平原区主要有 4 条主水系河道分布，向南逐渐演变为三角洲平原的分流河道。中北部银川－乌审旗－神木地区为三角洲平原，中东部分流河道复合明显，该相带与山西期相比明显变窄，而三角洲前缘则相对发育，分布于鄂托克前旗－榆林以南地区，最南端可延伸至甘泉一带。中部吴旗－富县－汾西地区为浅湖沉积区，西南部和东南部有两个三角洲体系分布。在盆地周缘同样发育 5 个主要的三角洲体系。

④晚二叠世上石盒子期。

该期北部构造抬升作用减弱，冲积体系萎缩，湖泊沉积体系发育，气候变得比较干燥，植被减少，从而形成了以紫红色、黄绿色为主的沉积，岩相古地理格局为三角洲与湖泊沉积体系共存。浅湖沉积在盆地中部扩展到鄂托克前旗，在东部扩展到龙王沟地区。但南部地区构造抬升作用增强，三角洲沉积体系向北略有推进。

⑤晚二叠世石千峰期。

海西旋回末期，秦岭海槽再度发生向北的俯冲消减，北缘兴蒙海槽因西伯利亚板块与华北板块对接而消亡，华北地台整体抬升，海水自此退出华北盆地，鄂尔多斯盆地由前期的近海湖盆演变为内陆湖盆，沉积环境完全转化为大陆体制，以发育河流、三角洲和湖泊沉积体系为特征。该期气候变得更为干燥，从而沉积了一套紫红色碎屑岩。

总之，从全盆地晚古生代的沉积演化来看，大体上经历了 4 次下降和 3 次上升运动，从而形成旋回沉积：本溪期和太原期海平面上升，山 2 早期海（湖）平面下降；山 2 后期和山 1 期湖平面上升，盒 9 期和盒 8 期湖平面下降；盒 7 期至盒 1 期湖平面上升，石千峰早期湖平面下降；石千峰后期湖平面又上升。在海（湖）平面上升期，形成烃源岩（第一和第二上升期发育泥炭坪和泥炭沼泽体系）和盖层（第三和第四上升期发育湖泊沉积体系）；在湖平面下降期发育三角洲体系，形成储集层。沉积体系的发育与湖平面的变化具有较好的对应关系。

3. 天然气富集控制因素

1）“广覆式生气”奠定了鄂尔多斯盆地上古生界大面积含气特征

上古生界天然气的主要源岩为石炭系 – 二叠系的煤层、暗色泥岩及灰岩，全盆地广泛分布，在晚侏罗世 – 早白垩世达到生排烃高峰，形成广覆式生气，并在上覆砂体中聚集、调整、成藏。盆地上古生界广覆式生气特征与其烃源岩形成的沉积构造背景、烃源岩特征和盆地热演化特征紧密相关。

（1）构造背景对生气的影响。

晚古生代沉积时期，鄂尔多斯盆地处于华北克拉通西部的缓斜坡部位，没有明显的沉积中心。因此，也就不可能存在巨大厚度的细粒烃源岩分布区，仅在盆地的东、西两侧各存在相对的厚带，中部薄而稳定。此外，现今鄂尔多斯盆地在晚古生代沉积时，其沉积背景属于陆表海环境，沉积速率较小，构造沉降速率也较小，形成的烃源岩厚度不大。

（2）烃源岩特征对生气的影响。

就烃源岩的岩石类型来说，煤岩对生气强度的贡献最大，而煤岩形成于陆表海的海退环境中，具有区域分布特征，这为广覆式生气特征奠定了烃源岩分布基础。

（3）热演化程度对生气的影响。

在烃源岩后期热演化过程中，晚侏罗世到早白垩世盆地达到最大埋深，又经历了构造热事件的影响，使烃源岩大面积成熟。现今，盆地内烃源岩主要处于高成熟－过成熟阶段，盆地边部烃源岩处于成熟－高成熟阶段，其中，盆地南部庆阳－富县－延长一带 R_o>2.8%，处于过成熟干气带，以此为中心向周围呈环带状降低。也就是说，盆地烃源岩的大面积成熟，为广覆式生气奠定了基础。

2）低孔、低渗背景下发育砂岩高效储层

鄂尔多斯盆地上古生界发育砂岩和灰岩两类储层。目前开发对象的主要储集岩是砂岩，孔隙度为4%~8%，渗透率为 0.1×10^{-3}~$1\times10^{-3}\mu m^2$，整体属于低孔、低渗或特低孔、特低渗储层。但在低孔、低渗背景下可发育高效储层，储层渗透率一般 >$0.5\times10^{-3}\mu m^2$，孔隙度 >5%，在一般情况下可以获得较高工业气流。

主力气层山西组和下石盒子组的砂岩类型有岩屑砂岩、岩屑石英砂岩和石英砂岩。不同粒度石英砂岩的孔渗特征不同，细粒石英砂岩硅质胶结强烈，一般比较致密；只有中粗粒石英砂岩孔渗条件最好，易于形成高效储层。

中粗粒石英砂岩主要形成于三角洲分流河道中。山西组和下石盒子组沉积时，盆地北部为隆起区，是主要物源区，河流由北而南进入盆地水体，形成浅水三角洲沉积体系，从北向南依次发育冲积平原相、三角洲平原相和三角洲前缘相。由于盆地水体较浅，形成的三角洲具有浅水特征，三角洲分流河道发育，水动力条件较强，是中粗粒石英砂岩形成的有利沉积相带，因此，三角洲分流河道砂体的有利沉积相带控制了高效储层的分布。

3）单斜背景下发育大型岩性圈闭聚集带

鄂尔多斯盆地构造单元边部发育构造圈闭，但由于圈闭面积小、断裂构造发育，因而保存条件差，目前只发现了小型气藏。伊陕斜坡构造稳定，表现为大型宽缓的单斜构造，受岩性、岩相带控制，形成了大型的岩性圈闭带。

上古生界沉积时，来自北部伊盟隆起及其以北地区的河流进入现今的陕北斜坡，形成浅水三角洲沉积体系。三角洲平原分流河道和三角洲前缘水下分流河道、河口砂坝，是主要的储集体系。

主砂带两侧往往沉积泛滥盆地、河漫沼泽和分支间湾的粉砂岩、泥岩等细粒岩性，可形成侧向封堵。在陕北斜坡形成时，这种细粒的具有封堵能力的泥岩和粉砂岩又处于主砂带的上倾部位，表现为主砂带的上倾封闭。由于主砂带由分流河道砂体叠置而成，泥质夹层较多，由多个相对独立的储集单元组成，表现为多个岩性圈闭复合连片，因此，实质上是由多个岩性圈闭组成的岩性圈闭带。苏里格气田、榆林气田等4个大气田就是由多个岩性圈闭复合连片，经过天然气成藏作用而形成的。

4）保存条件优越

由于天然气具有活动性，保存条件对天然气成藏至关重要。鄂尔多斯盆地天然气成藏不但具有有利于油气保存的稳定构造演化背景，而且储层的致密性和非均质性分布特点也有利于天然气保存。

鄂尔多斯盆地构造演化具有稳定性、长期性和持续性特点。长期、持续、稳定构造环境的特征为：区内各时代地层均呈整合或假整合的接触关系，盆地内部断层、断裂不发育，地层平缓，为一大斜坡。所以，鄂尔多斯盆地烃源岩从热演化成熟到天然气的生成和运移聚集，乃至气藏的形成，都处于稳定的构造演化背景下，这种稳定的构造演化背景，有利于天然气的聚集和后期保存。

第 5 节　石油资源

1. 石油资源勘探现状

鄂尔多斯盆地油气勘探历史悠久，自 1907 年在延长县钻探的我国第一口石油探井（延 1 井）起，盆地的油气勘探经历了百余年的漫长岁月，几代石油人顽强探索，开创了油气持续稳定发展的大好局面。特别是近十余年来，石油勘探人员面对低渗透复杂地质问题和技术难点，不断解放思想，强化技术攻关，在安塞、西峰、姬塬、镇泾、延安等地取得了重大突破，相继发现了安塞油田、靖安油田、西峰油田、姬塬油田、红河油田、甘谷驿油田、延长油田、下寺湾油田等亿吨级油田，为保障国家能源安全、促进经济发展做出了贡献。

截至 2015 年年底，中国石油、中国石化和延长石油三家油气勘查单位，累计上报油气探矿权 56 个，面积 199549km^2，探明含油面积 1.035×10^4km^2，地质储量占全国探明石油地质储量的 14.7%（图 2–26）；上报石油采矿权 32 个，面积 16016.48km^2，油气叠合采矿权 2 个，面积 7916.71km^2，发现油田 34 个（含油气田 2 个）。三叠系延长组是鄂尔多斯盆地主要的油气勘探开发层，其探明石油地质储量占全盆地探明地质储量的 74.12%，在鄂尔多斯盆地石油勘探中占有重要地位。

鄂尔多斯盆地油气资源十分丰富，石油资源量达 128.5×10^8t，但是作为世界上典型的低渗、低压、低丰度油气藏，储层是俗称“磨刀石”的致密砂岩，勘探开发难度大，常规技术很难实现经济有效开发。针对如此复杂的地质条件，各油气公司不断加强科技攻关，深化地质认识，分析致密油气资源成藏机制，并在此基础上进行技术创新，形成了如长庆油田“水平井 + 体积压裂”、华北油气分公司“三维地震 + 水平井分段压裂”等关键技术，拉动储量巨大的致密性油气田步入了规模开发阶段。“十二五”以来，鄂尔多斯盆地石油产量逐年稳步增长，增长速度在各大含油气盆地中最快。2011 年，鄂尔多斯盆地油气生产当量首次超过 5000×10^4t，达到 5536.1×10^4t；2014 年，达到 7566.35×10^4t，居全国各大含油气盆地之首。

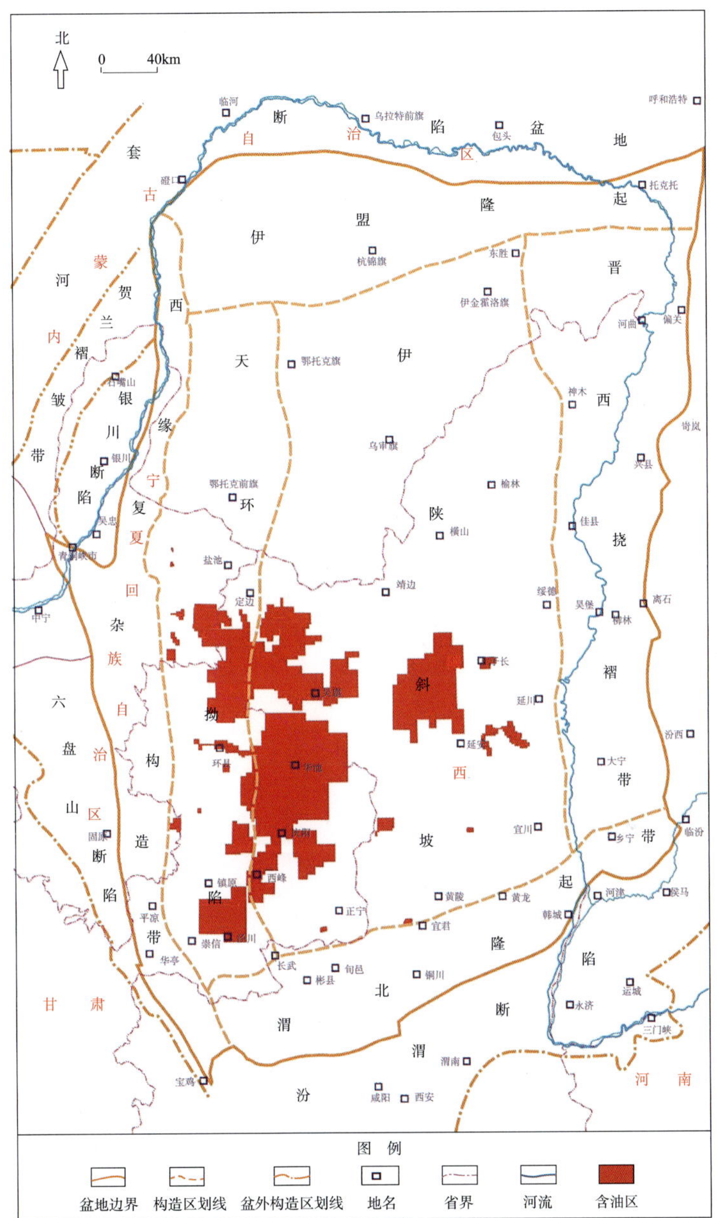

图 2–26 鄂尔多斯盆地石含油区分布图

2. 中生界石油赋存特征

鄂尔多斯盆地石油资源主要分布在上三叠统延长组及下侏罗统延安组，其中，延长组是主力含油层系，延安组油层储量规模较小。

1）中生界烃源岩

鄂尔多斯盆地中生界共发育两套生油岩系，一套为侏罗系延安组的煤系，另一套为三叠系延长组的暗色泥岩。

长 7 期是延长组最大湖泛期，半深湖 – 深湖环境下沉积的长 7 期高阻泥岩厚度大（40m 以上），分布面积广（$4.2 \times 10^4 km^2$），有机质丰度高，是中生界最主要的优质烃源岩，而长 4+5 期、长 6 期、长 8 期和长 9 期烃源岩的生烃潜力则较为有限。

长 7 期张家滩页岩岩性主要为黑色油页岩夹灰色薄层细砂岩沉积，部分地区发育浊流沉积，发育的砂岩为有利的储集层。长 7 期地层厚度一般为 70~150m，湖盆沉积中心志丹 – 富县地区地层最厚。张家滩页岩厚度一般为 0~120m，分布面积约 $5 \times 10^4 km^2$，湖岸线长达 1000km 以上，长轴方向为北西 – 南东走向，长度约 300km。沉积中心分布在直罗 – 甘泉 – 志丹 – 吴起一线，一般具有 2~4 套烃源岩，单套厚度一般在 20m 以上，向东北和西南厚度逐渐减薄以至演变为粉砂质泥岩或泥岩。东北部最大沉积范围可达靖边和子北地区，西南部最大沉积范围可达庆阳、西峰地区（图 2–27）。

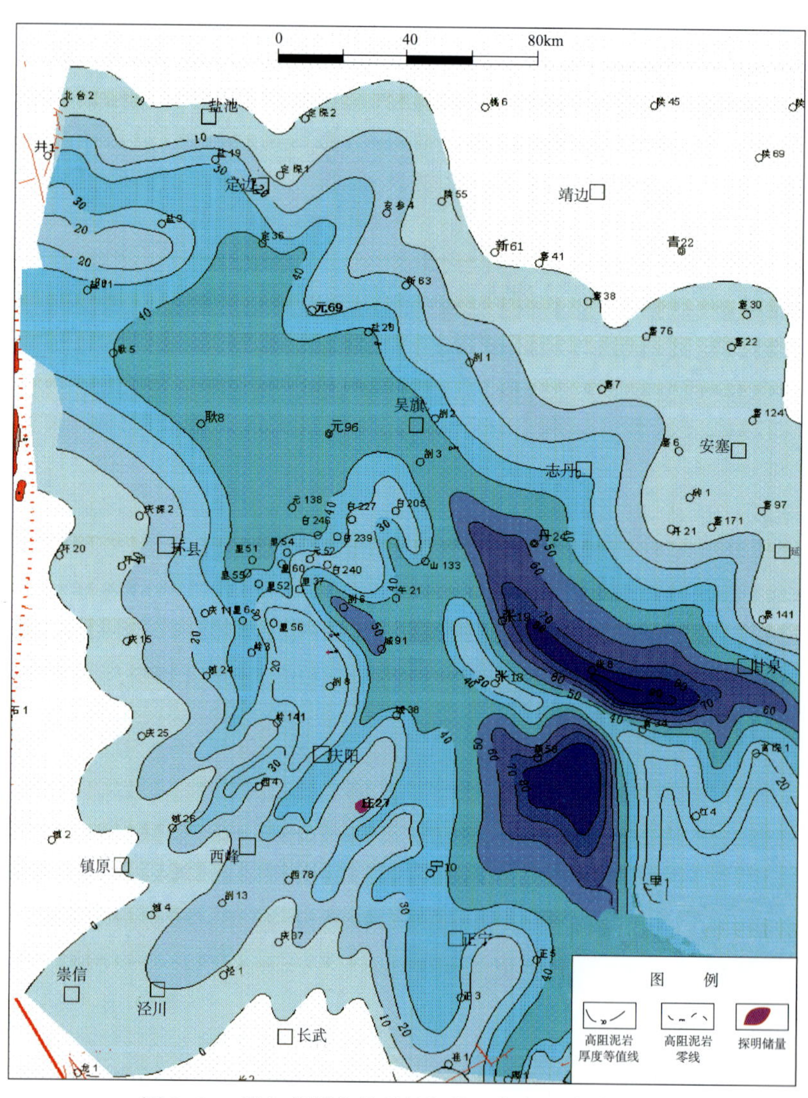

图 2–27　鄂尔多斯盆地延长组长 7 期烃源岩分布图

2）中生界沉积体系

三叠系延长组沉积主要可以划分为两大沉积体系，即盆地东北沉积体系和西南沉积体系，分别由若干个三角洲沉积体系组成。有利的沉积相带是油气富集成藏、大面积分布的重要地质基础，也是油气运移聚集的最有利场所。延长组三角洲沉积体系各个亚相的物性有所不同，其中，三角洲前缘亚相砂体发育，储集性能良好，是油气聚集的最有利相带。

侏罗系延安组是一套由推移质的低弯度河（辫状河）向准平原化的悬移质河与湖泊演化的沉积体系。按其沉积特征可以划分为河流体系、湖泊体系和三角洲体系3类，储层主要分布在河流体系的河道砂坝和三角洲体系的三角洲前缘水下分流河道，以及三角洲平原分流河道、河口坝及浊积扇等沉积微相中。

（1）延长组沉积体系特征。

鄂尔多斯盆地三叠系上统延长组总体为湖相沉积，边缘以粗碎屑的河流－三角洲及各种扇体沉积为主。各沉积相带的平面变化基本呈环带状展布，而砂体的发育情况则完全受控于沉积相的展布特征。盆地的沉积中心与沉降中心不一致，西部为沉降中心，坡陡且窄，发育粗粒三角洲和浊积扇，沉积厚而多变；中南部为沉积中心，深湖亚相最为发育，沉积薄而稳定；北部和东部则主要发育浅水台地型曲流河三角洲和河流沉积。长6期之后，西部沉积作用减弱，北部、东北部、东部沉积作用增强，河流和三角洲广为发育。

延长组长8期湖盆已经形成（图2–28），呈北西走向，但分割性明显，形成姬塬－吴旗－华池与鄂托克旗－鄂托克前旗两大汇水区域。盆地东北部在神木－乌审旗和安塞地区发育2个三角洲；盆地西南缘在环县地区、镇原－庆阳地区、正宁－合水地区发育3个辫状河三角洲；盐池－定边地区三角洲不发育，而盆地东南缘黄陵浊积扇已经形成。长7期盆地进一步扩展，进入湖盆发育的鼎盛时期，分割性明显减弱，盆地东北部在安边、志靖、安塞地区3个三角洲已成雏形，面积较小；盆地西南缘的环县、镇原－庆阳、正宁－合水地区，3个辫状河三角洲规模萎缩。长6期属于湖盆建设期，湖水大面积退缩，分割性加强，半深湖面积进一步缩小，仅出现在华池以东至正宁以北地区，东北三角洲前缘已推进至吴旗－甘泉一线，西南缘辫状河三角洲较长7期明显向前推进至华池－庆阳一带，盐池－定边三角洲和黄陵浊积扇也呈发育趋势。长4+5期湖盆发生了一期短暂的湖进，湖水进一步扩大，分割性减弱，三角洲建设进程减缓。长3期、长2期湖盆进一步萎缩，汇水面积逐渐减小，分割性加强，湖盆开始呈现消亡趋势。长1期湖盆继续萎缩，局部出现沼泽环境，沉积了一套砂、泥岩夹薄煤沉积，直至湖盆消亡。

盆地沉积体系的演变，在纵向上构成了5套储盖组合，从而奠定了长8期、长6期、长3期3个主要勘探目的层形成的地质基础。

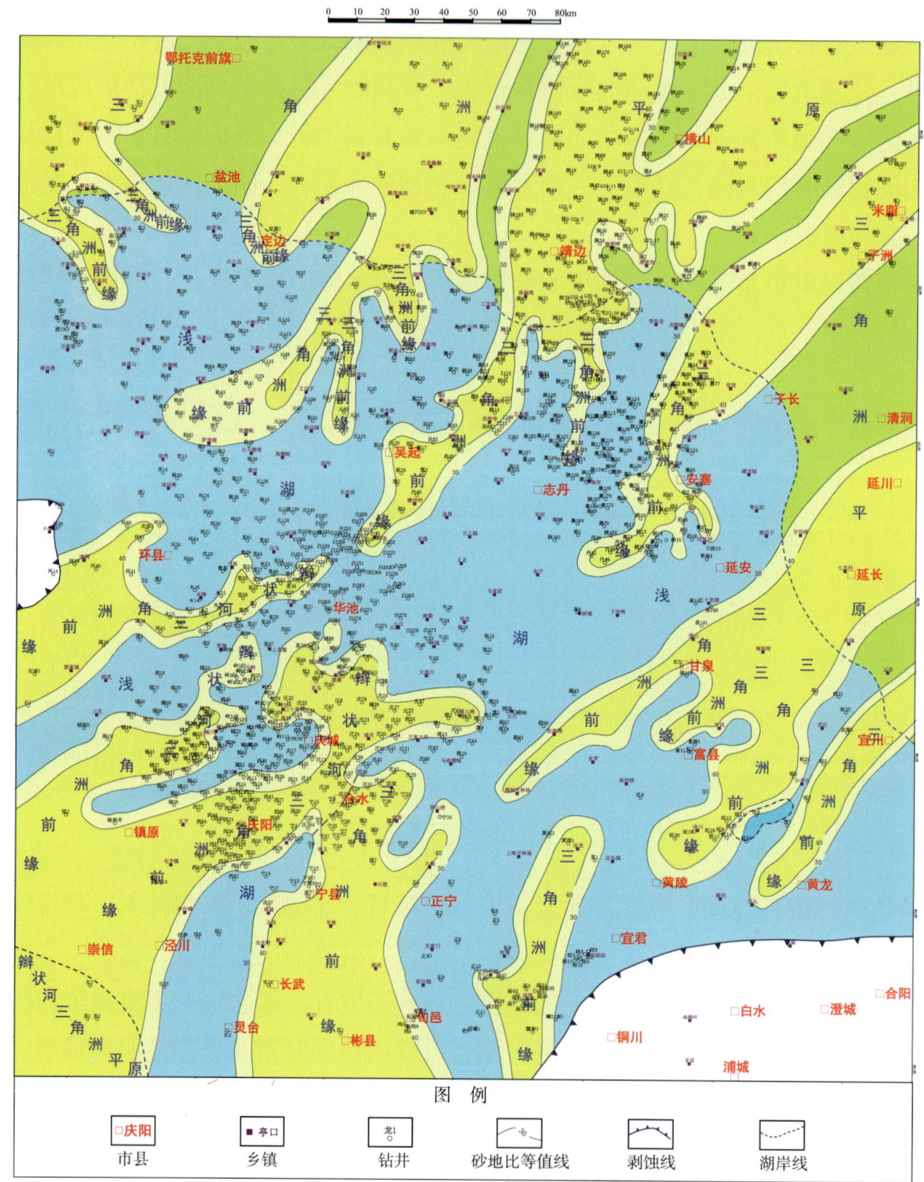

图 2–28　鄂尔多斯盆地延长组长 8 期砂体分布图

（2）延安组沉积体系特征。

延安组沉积体系受区域构造沉降、沉积物源供给等因素所控制，延 10 期基本继承了早侏罗世富县期冲积扇－河流沉积体系，随着延 9 期的盆地沉降，延 9 期至延 6 期属于河湖三角洲沉积体系，延 4+5 期由于河流回春和盆地抬升作用，形成了网状河－残余湖沉积体系。在不同发展阶段、不同地区及不同沉积体系中，由于盆地周边构造、沉积物供给及盆地自身发展的不平衡性，导致了各沉积相、亚相及微相的纵横配置，也发生了相应的有规律的变化。延安组又可相应分为若干期：延 10 期为构造抬升期，出现河谷下切和河谷超覆充填；延9期由于构造沉降，成为河湖过渡期、湖侵最大期；延8期为构造局部抬升、盆地开始填平补齐期，湖泊开始充填淤浅；延7期至延6期构造活动较稳定，盆地补偿沉积；延4+5期构造再次抬升，河流发育，沉积作用为超补偿沉积，湖泊被淤塞，形成残余湖泊。

据砂岩类型、重矿物特征等分析可知，延安期沉积物源具有多方向性，主要包括：北东来源的晋陕水系，北西来源的宁陕水系，由西向东的甘陕水系，以及南西来源的庆西水系。延安期沉积了一套厚200余米的深灰色泥岩、粉砂岩、黄灰色砂岩夹煤层的碎屑岩系。其中，以底部延10期岩性为最粗，发育宝塔砂岩，往上沉积物虽有旋回及油层组的更替，但总趋势是粒度逐渐变细的一套暗色泥岩与灰白色细砂岩互层。

延安组沉积体系演化是受构造作用与沉积盆地演化所控制的。鄂尔多斯盆地中南部在侏罗纪延安期经历了完整的下切、充填到抬升的演化过程。在不同的盆地发展阶段、不同地区及不同的沉积体系中，由于盆地周边构造、沉积物供应及盆地自身发展的不平衡性，导致各种沉积相、亚相及微相的纵横配置也发生了相应的有规律的变化。

3. 低渗透油藏主控因素及其分布规律

1）延长组半深湖－深湖相泥页岩为中生界优质烃源岩

杨华、张文正等研究认为，在晚三叠世湖盆最大湖泛期沉积的长7期油层组，大范围发育了一套已达到生油高峰演化阶段的有机质丰度高、类型佳的优质烃源岩层。采用热模拟产烃率法，计算得到的总生烃量约为1040×10^8t、总排烃量达749×10^8t。需要强调的是，虽然长7期优质烃源岩层的总生烃量不算很大，但是由于其排烃效率很高，所以排烃规模相当可观。长7期优质烃源岩层的大范围分布和大规模排烃为低渗透油气的大规模聚集（即低渗透富油盆地的形成）提供了丰富的油源。

首先，由于长7期优质烃源岩的生烃强度大，其累计生烃量远大于残留烃量（图2-29），这说明大量的烃类已经被排出。同时，当生烃量达到一定数量后，即可产生显著的增压作用。这种作用不仅能够促使大量烃类排出，而且排出的流体拥有很高的势能。在烃源岩排出的高势能流体注入砂岩储层的瞬间，当致密砂岩的导流速度小于排烃流体注入速度时，压力梯度就会在致密砂岩中形成，从而促成低渗透储层中石油的二次运移。“生烃增压→排出高能流体→二次运移”过程的反复进行，使得低渗透储层石油大规模成藏聚集。由此可见，长7期优质烃源岩既是主力烃源岩，又是低渗透储层石油运聚的关键动力源。

其次，高驱动压力不仅促使二次运移的持续进行，而且有助于储层含油饱和度的提高和石油富集。因此，长7期优质烃源岩排出的高能流体有利于特低渗透储层的石油富集。盆地中部地区长7期致密砂岩高含油的客观实际证实了这一点。

第三，长7期优质烃源岩的单层厚度不大，层理缝发育，具有富纹层有机质、富莓状黄铁矿、富薄层和纹层凝灰质、低黏土矿物含量的岩石组构特征，加之生烃强度高（平均约 55kg/t），使得长 7 期优质烃源岩在生油高峰阶段能够提供大量的富烃流体，形成连续油相运移，从而极大地促进低渗透储层大面积成藏富集。

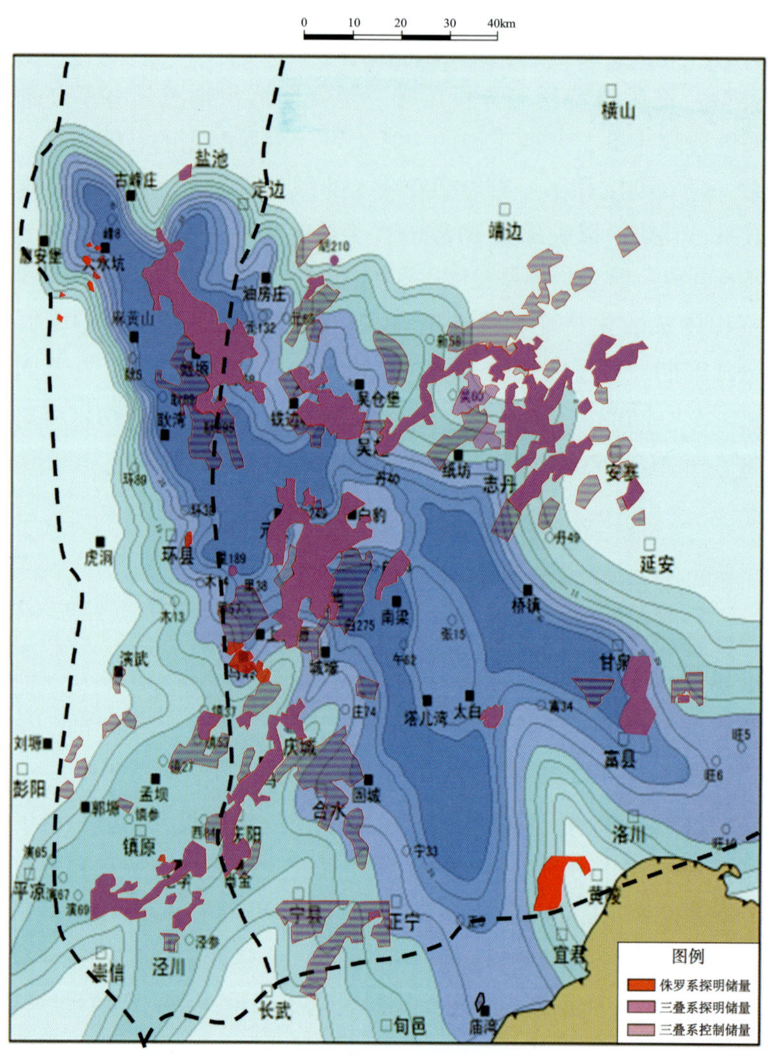

图 2–29　鄂尔多斯盆地延长组长 7 期烃源岩与石油储量叠合图

2）大型河流 – 湖泊三角洲复合砂体为有利的储集体

鄂尔多斯盆地延长组石油勘探实践与综合研究表明，三角洲前缘水下分流河道和河口坝砂体是延长组油藏形成的最有利的储集体。

三角洲前缘亚相具有形成多套储盖组合配置的有利条件。晚三叠世，盆地处于非均衡式下降、上升交替进行的沉积背景中，湖进、湖退反复出现，使得三角洲前缘亚相中的砂、泥地层交替出现，构成多套储盖组合。退积型三角洲前缘分流河道砂体粒度由粗变细，泥质含量呈递增趋势，最终被湖进泥质岩类所覆盖，在岩性剖面上构成较好的储盖组合。最典型的是盆地西南部的西峰地区，长 8 期属于辫状河三角洲前缘亚相环境，由水下分流河道砂岩组成的储层较为发育；长 7 早期开始湖进，深水区范围逐步扩大，三角洲向湖岸方向退缩，西峰地区沉积了一套深水相泥岩和粒度向上变细的剖面结构；长 7 期泥岩既是盆地最有利的烃源岩，又是覆盖于长 8 期辫状河三角洲分流河道砂体上的盖层，从而形成了长 8 期（储）、长 7 期（盖）的储盖组合。西峰油田明显受长 8 期湖退与长 7 期湖进形成的区域性储盖组合所控制。

盆地东北部三角洲沉积体系中发现了亿吨级油田——安塞油田和靖安油田，这也与盆地区域湖退、湖进在三角洲前缘亚相地区形成的有利储盖组合有关。长 6 期是盆地东北部三角洲建造最发育的时期。从靖边至吴旗近 100km 的距离内发育三角洲前缘水下分流河道砂体，从长 6 中期至长 6 晚期，湖岸线向西南方向退缩，形成了广泛分布于三角洲前缘亚相中的有利储集体。长 4+5 期，新的一期湖进开始，东北部三角洲明显向后退缩，湖岸线外扩至坪桥一带，在原长 6 期三角洲前缘地域，沉积了长 4+5 期浅湖相薄层泥质粉砂岩与粉砂质泥岩互层，成为盆地东北部三角洲较好的区域性盖层，构成长 6 期（储）、长 4+5 期（盖）的有利储盖组合，正是这套组合，使盆地陕北地区成为长 6 期油藏的富集区。

3）发育两种主要成藏模式

鄂尔多斯盆地延长组油藏分布遵循“源控论”和“相控论”规律，主要聚集在近源的三角洲前缘砂体中。勘探成果表明，三叠系延长组油藏主要聚集在临近生烃中心的三角洲前缘分流河道、河口坝、平原分流河道及深湖 – 半深湖区的浊积砂体之中。

受沉积物源的控制，鄂尔多斯盆地三叠系延长组主要发育东北、西南两大沉积体系。由于生储盖配置关系的差异，主要发育 2 种不同的石油成藏模式，即湖退背景下的东北部曲流河三角洲成藏模式和湖侵背景下的西南部辫状河三角洲成藏模式。其中，东北部曲流河三角洲成藏模式以长 6 期、长 4+5 期、长 2 期油层为主，以安塞油田、靖安油田、姬塬油田为代表；西南部辫状河三角洲成藏模式以长 8 期油层为主，以西峰油田、镇北油田为代表。

（1）湖退背景下的东北部曲流河三角洲成藏模式。

东北部（陕北地区）曲流河三角洲成藏模式是受区域性湖进、湖退作用影响而在三角洲前缘亚相形成的“下生上储”型成藏组合（图 2–30）。其下伏的长 7 期发育的深湖相暗色泥岩是该模式的主力烃源岩，储层则是长 6 期盆地东北部三角洲建造最为发育时期沉积形成的砂岩储集体。从长 6 中期至长 6 晚期，湖岸线持续向湖盆中心收缩，其间发育曲流河三角洲前缘分流河道砂体。由于地形较为平缓，河道横向摆动频繁，导致沉积砂体纵向上相互叠加，横向上复合连片，同时受湖浪的淘洗，使得砂岩分选较好，储层物性好。该类储集砂体不但在纵向上直接叠置于烃源岩之上，而且在横向上呈指状、朵状展布的三角洲前缘砂体直接穿插于深湖相泥岩之中，构成了最佳的生储配置。长 4+5 期为新的一期湖进期，在长 6 期三角洲前缘砂体最为发育的地域沉积了呈互层状分布的长 4+5 期浅湖相薄层泥质粉砂岩、粉砂质泥岩，成为东北部三角洲油藏较好的区域性盖层；而在长 6 期分流河道间湾及洼地发育的泥岩则构成了储集体上倾方向的有利遮挡条件，互相叠置的储集砂体和微裂缝是油气纵向运移的重要通道，进而在三维空间上构成了长 6 期至长 4+5 期的有利储盖组合，使得盆地东北部沉积体系（陕北地区）成为长 6 期油藏的重要富集区。

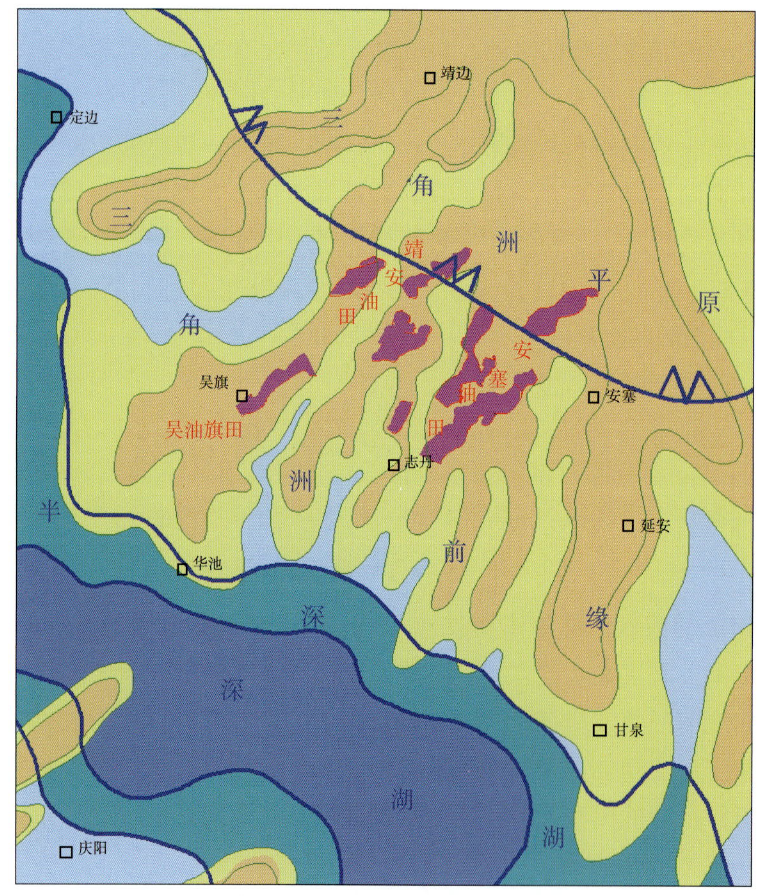

图 2-30　陕北地区三角洲沉积体系与油藏关系图

（2）湖侵背景下的西南部辫状河三角洲成藏模式。

西南部辫状河三角洲成藏模式为典型的“上生下储”型成藏组合。主力烃源岩为深湖相暗色泥岩。在垂向上，长 8 期油层与长 7 期油层存在明显的过剩压力差，具备油气向下运移的动力条件；在横向上，高势区与低势区过剩压力差约为 30MPa，具有足够的油气运聚动力。储层是长 8 期湖盆发展演化阶段在盆地西南部相对陡坡地形上沉积形成的辫状河三角洲砂岩储集体，主要为水下分流河道和河口坝沉积，在平面上呈带状展布，横向宽 3~10km，砂层厚 5~20m，沉积颗粒相对较粗，分选较好，原生粒间孔较为发育，具备较好的储集条件。长 8 期储集砂体不但在纵向上与上覆的烃源岩直接接触，而且在横向上又与长 8 期油层自身的烃源岩交互接触，与烃源岩的这种直接接触关系，是有利的生储配置。长 7 期深湖相泥岩不但为长 8 期油藏的形成提供了充足的烃源，而且为油气在长 8 期油层中的聚集成藏起到了有利的封盖作用，与此同时，呈北东 – 南西向展布的分流河道间湾相泥岩为区域西倾背景上的油藏上倾方向提供了有利的遮挡条件，从而构成了较为有利的储盖配置关系。

第 3 章

鄂尔多斯盆地共生矿产组合类型及形成条件

第 1 节　共生矿产组合类型及分布区域

1. 共生矿产类型划分

共 / 伴生关系最初被人们普遍认为是生物之间的关系，共生是指两种密切接触的不同生物之间形成的互利关系，而伴生指次要的随主要的一起生长。矿产的共 / 伴生概念与此类似，共生矿产主要是指成因和时间上具有一定联系、同时赋存于地层之中的多种矿产，但每种矿产可以作为独立矿种进行开发；伴生矿产是指相互依存、相互影响的多种矿产，对某一种矿产进行开发时必然也同时对另一种矿种进行开发。因此，煤系地层中煤炭的共生矿产主要是指多种与煤炭具有成因和时间上联系的矿产，其形成、赋存与煤炭具有一定的时间序列，且能够作为单一矿种进行赋存与开发，如油气、铀等。煤炭的伴生矿产是与煤炭具有成因上的关联的其他矿产，其形成与煤炭的形成几乎是同时的，但是开发方式与煤炭不同，如煤层气❶。

依据成矿背景、成矿条件、成藏规律和组合形式等，可以对共生矿产的平面组合类型进行划分。

鄂尔多斯盆地 5 种能源的共生关系大致可以划分为 6 类：煤炭 – 铀 – 天然气组合，煤炭 – 石油组合，煤炭 – 天然气组合，煤炭 – 煤层气组合，铀 – 石油 – 煤炭组合，石油 – 天然气 – 煤炭组合。其中，延安组煤炭和天然气、石油、铀的组合及古生界煤炭与煤层气的组合是共生矿产协调开发战略的主要研究对象（图 3–1）。

1）煤炭 – 铀 – 天然气组合

该类组合位于盆地的北缘，涵盖内蒙古鄂尔多斯市的东胜、杭锦旗地区，构造位置属于伊蒙隆起区、伊陕斜坡东北部和晋西挠褶带北部。同时，盆地晋西挠褶带的绥德 – 子洲地区、西缘复杂构造带的银川 – 青铜峡地区，也是潜在的煤炭 – 铀 – 天然气组合的分布区域。目前，该组合区域内铀矿整装勘查区规划面积 8422km^2，预查区有 11 个，面积共 2719.48km^2；天然气矿权区面积 9805.111km^2，资源量 12457.96 × 10^{8}m^3；

❶ 本书中为尊重行业习惯，将煤层气与油气、铀统称为煤炭的共生矿产。

煤矿区面积达 10000km² 以上。铀矿矿权区基本覆盖了中国石化杭锦旗天然气矿权区和素有“地下煤海”之称的东胜煤田矿权区。

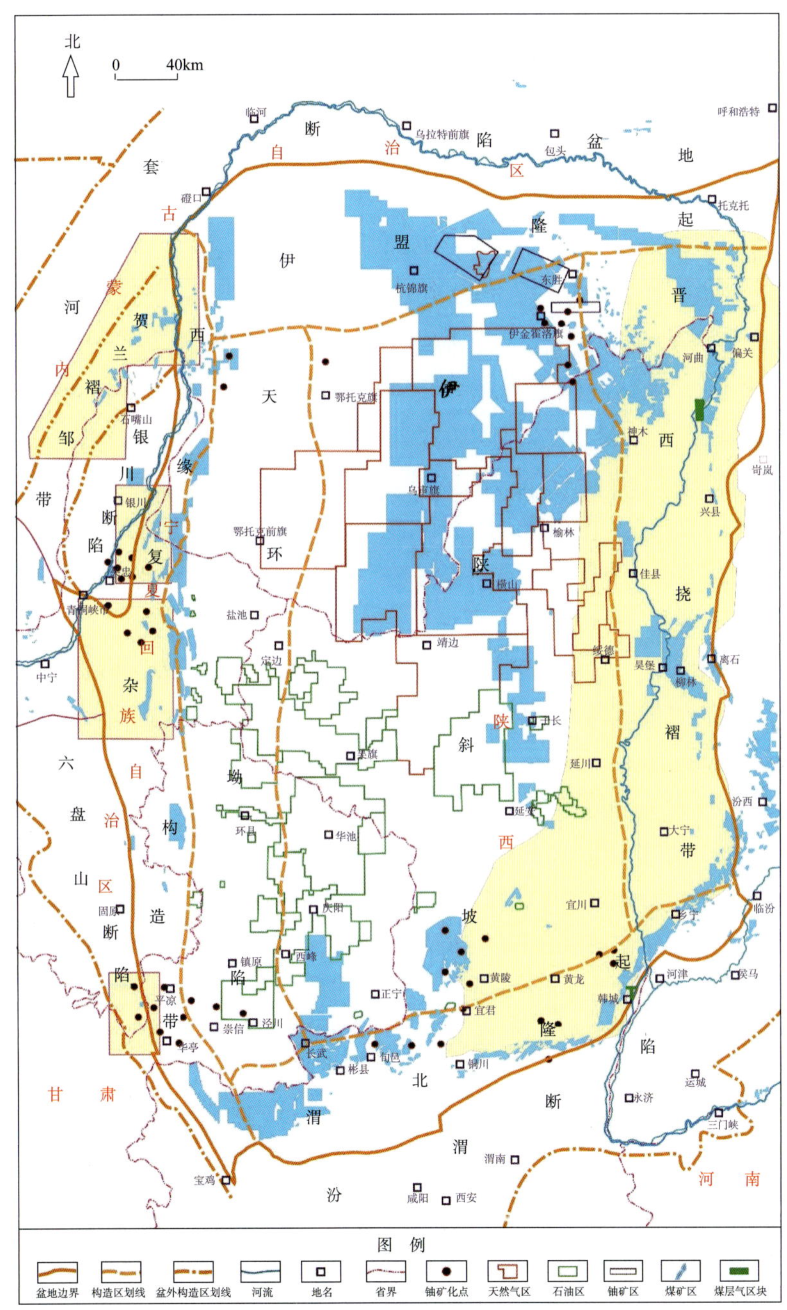

图 3-1 鄂尔多斯盆地多种能源矿产分布叠合图

2）煤炭 – 天然气组合

该类组合位于盆地中北部，横跨内蒙古鄂尔多斯市西部、西南部的乌审旗、鄂托克前旗、鄂托克旗和陕西省北部榆林市的榆林 – 横山 – 靖边一带，构造位置属于伊陕斜坡和天环坳陷区北带。在鄂南埋深较大的区域，天然气仍处于区域优选与产能评价阶段。

目前，该组合区域内天然气探明区面积 $3.274 \times 10^4 km^2$，探明储量 $3.548 \times 10^{12} m^3$，中生界延安组煤层在全区发育，瓦窑堡组煤层发育在区块的东南部，已开发煤矿、待开发煤矿和潜力资源区面积达 $6.766 \times 10^4 km^2$，煤矿区与古生界天然气矿权区重合。

3）煤炭 – 煤层气组合

该类组合位于盆地的东缘和东南缘，地理位置处于陕西省中北部延安市和山西省西北部忻州市和吕梁市，沿保德 – 柳林 – 延川 – 黄陵一线呈南北向展布。构造位置属于晋西挠褶带、伊陕斜坡东南部和渭北隆起东部。另外，在盆地西缘，古生界埋深小于 2000m 的地区也存在这类组合，但此处构造复杂，不利于煤层气的开发。

盆地东缘是古生界煤层气重要的富集区，也是煤层气开发最有利的区域，已取得采气矿权面积 $1297.7 km^2$，资源量约 $1250 \times 10^8 m^3$，2000m 以浅分布煤炭资源量约 $1356.7 \times 10^8 t$。煤层气与古生界煤炭的矿权完全覆盖。

4）煤炭 – 石油组合

该类组合位于盆地的中南部，构造位置属于伊陕斜坡和天环坳陷区的南段，地理位置包括甘肃省崇信、西峰、庆阳、华池地区，以及陕西省榆林市最西端的定边县及陕西省延安、吴旗地区。

中生界石油探明储量分布在鄂南的广大区域，且探明区域逐年增大，有连片含油趋势，已探明原油储量区面积达 $1.035 \times 10^4 km^2$。该组合区域内古生界、中生界发育多套煤层，受目前煤炭开发深度限制，目前主要的开发层位为中生界煤层，2000m 以浅分布煤炭资源量约 $129 \times 10^8 t$，中生界石油与延安组煤炭的矿权区相互重合。

5）铀 – 石油 – 煤炭组合

该类组合分布在盆地南缘，构造位置属于伊陕斜坡、天环坳陷、西缘复杂构造带南缘，包括甘肃省的平凉、华亭及陕西省的旬邑、宜君、铜川等区域。

该组合区域内铀矿零星分布，与中生界石油分布范围及石炭系 – 二叠系太原组、山西组和侏罗系的延安组等多套煤层叠置发育，存在铀、煤炭与石油多种类型资源的叠合共生关系，是潜在的铀矿勘查区域。

6）石油 – 天然气 – 煤炭组合

该类组合局限分布在盆地中部甘肃盐池 – 吴旗 – 陕西延安一线的两侧，构造位置属于伊陕斜坡、天环坳陷中部。

上古生界天然气、中生界石油的叠合分布区域，与中生界延安组、延长组煤层和上古生界石炭系 – 二叠系煤层存在纵向组合关系。

2. 共生矿产类型空间展布

1）煤炭 – 铀 – 天然气组合

该类组合从下往上发育下古生界奥陶系风化壳天然气藏、上古生界石炭系 – 二叠系太原组－山西组煤层、上古生界二叠系山西组－石盒子组天然气藏、中生界延安组优质煤层、中生界直罗组底部铀矿藏，存在着煤层与天然气层、铀矿层的叠合共生关系。受目前煤炭开发深度限制，上古生界煤层无开发价值，因此，古生界天然气、延安组煤层、直罗组铀矿是主要叠置组合类型。三者呈上下叠置关系，直罗组铀矿直接叠置在延安组煤炭之上，延安组煤层与上古生界天然气层之间间隔中生界三叠系、上古生界上石盒子组和石千峰组。

（1）天然气。

天然气主要分布于下古生界奥陶系碳酸盐岩地层及上古生界山西组、下石盒子组河流－三角洲相沉积的砂岩地层中，以岩性气藏为主，具有分布面积广泛，多层叠合连片的特点。杭锦旗地区下古生界资源量为 $391.07\times10^8m^3$，上古生界资源量为 $12066.89\times10^8m^3$，已经勘查发现探明、控制、预测三级储量面积达 $3048.28km^2$（截至 2015 年年底），部分地区进入了开发准备与产能建设阶段。随着勘探开发的不断深入，含气范围将不断扩大，产能不断提高。

杭锦旗地区上古生界下石盒子组盒3段、盒2段、盒1段，山西组山2段、山1段，太原组 6 个层系和下古生界奥陶系都已钻遇气层，并试获气产量，初步形成了多层叠合的勘探格局。以泊尔江海子断裂带为界，南部以盒 1 段、盒 3 段、山 1 段、山 2 段为主，天然气藏为大型岩性圈闭，具有纵向上多层叠合、横向上复合连片的特征（图 3–2）。断裂带以北产气层以下石盒子组盒 2 段和盒 3 段为主，山西组、太原组次之，同时，石千峰组也有较多显示。北部气藏类型多样，丁 42 井以北、以东区域气藏以构造气藏为主，其中，盒 2 段、盒 3 段构造幅度较小，气藏类型多为岩性－构造复合型；丁 48 井～丁 66 井井区气藏主要以岩性、岩性－构造复合型为主。天然气藏盒 3 段顶板埋深 2045~3103m。

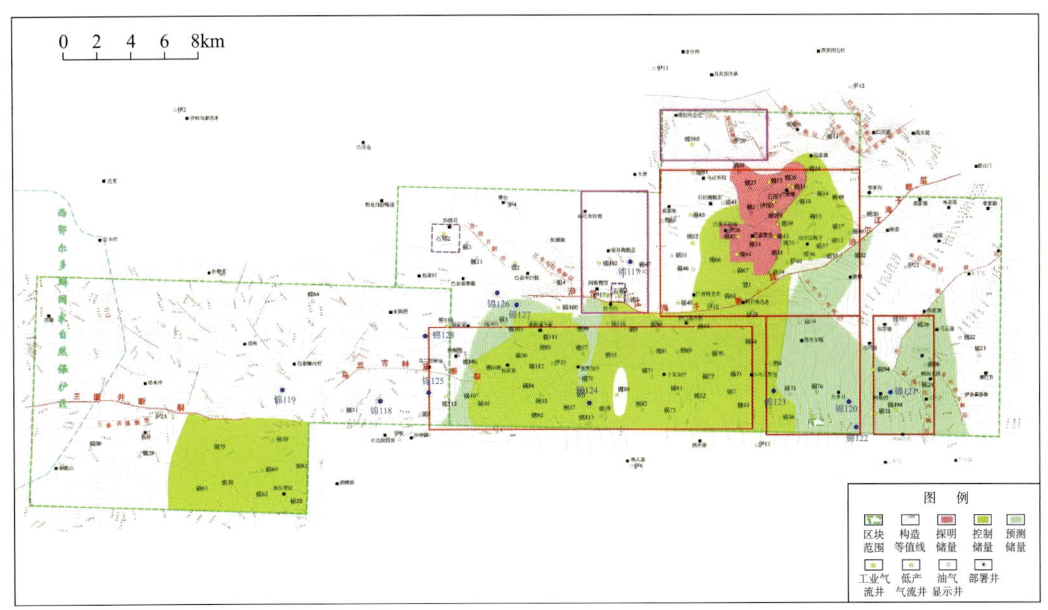

图 3–2 鄂尔多斯盆地杭锦旗地区天然气勘查成果图

（2）延安组煤炭。

延安组煤层全区分布，纵向发育多套煤层组合，特征明显。已开发的世界级大型煤田——东胜煤田，煤质优，储量丰度高，预测储量 1773.6 × 10^8t。

延安组共发育 5 个煤层组，层数达 10~30 层，累计厚度 7.3~33.9m，累计厚度大体上由东北向西南逐渐变厚，在区块西部的泊尔江海子逆断层南部的局部地区煤层厚度最大能达到 33.9m。延安组的主采煤层较多，但厚度不突出，平均为 2~3m。下部第一段 ~ 第四段均以顶部煤层为主要可采煤层，底部第一段煤层厚度为 0~14m，主采 5^1 号煤层，全区分布稳定，仅在东北小部分地区有缺失；第二段煤层厚度为 2~9.4m，主采 4^1 号煤层，全区发育，平均厚度为 2.63m；第三段煤层厚度为 0~6.6m，主采 3^1 号煤层，区内相对稳定发育，平均厚度为 2.4m；第四段煤层厚度为 0~6.8m，主采 2^1 号煤层，区块的东、西部厚度为 0；上部第五段顶部煤层在大部分区域被剥蚀，下部 1^2 号煤层仅在区块中东部发育（图 3–3、图 3–4）。延安组顶板埋深 250~1650m，从西南部

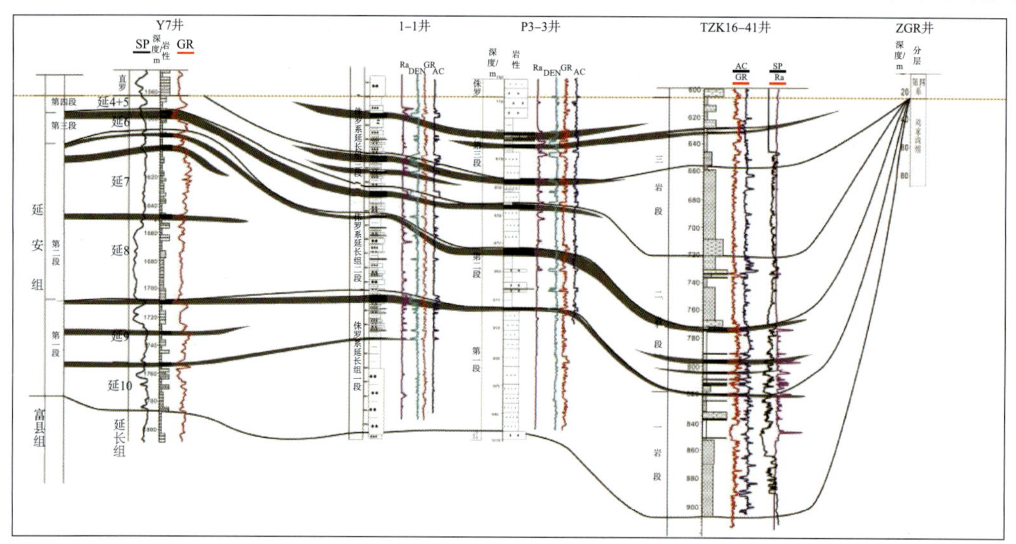

图 3–3　延安组煤层对比图（东西向）

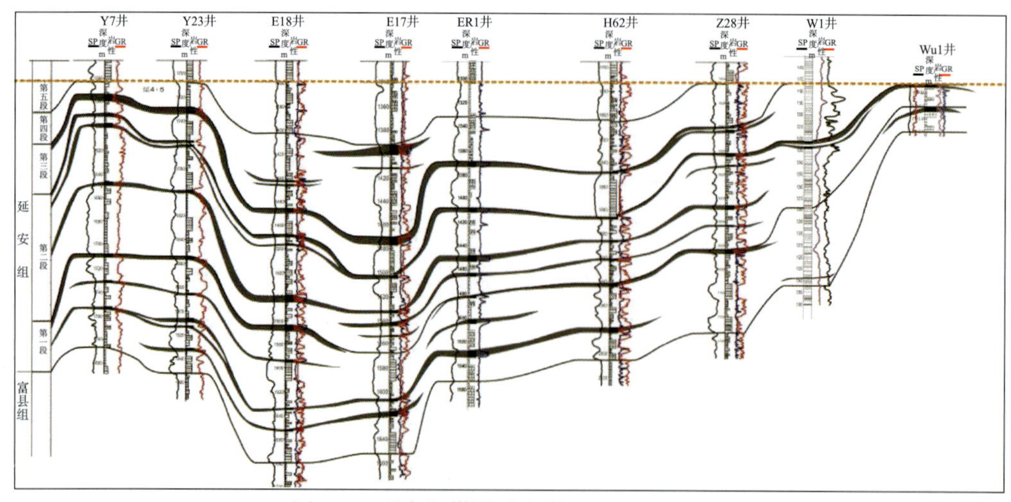

图 3–4　延安组煤层对比图（北西 – 南东向）

向东北部埋藏逐渐变浅。区块东北角煤层埋深最浅，延安组顶界埋深仅150m左右；西南部煤层埋深较深，延安组顶界埋深可达1650m左右。延安组底板埋深与顶板埋深变化趋势相似，底板埋深400~1900m。

（3）直罗组铀矿。

铀矿主要赋存在直罗组下部河流相的中粗粒砂岩地层中，电性特征明显。高伽马砂岩段铀含量已达到工业矿石标准，含矿层砂体疏松、渗透性好，可地浸开发。东胜铀矿是我国至2010年为止发现的规模最大的砂岩型铀矿。测试分析可知，直罗组下段J_2z^1能谱U值≥30×10^{-6}~40×10^{-6}，对应工业开发下限。按能谱U值≥40×10^{-6}估算，杭锦旗铀矿资源面积为327km^2；按能谱U值≥100×10^{-6}估算，杭锦旗铀矿资源面积为93.6km^2。

直罗组在矿区稳定延续，据岩性和颜色从下向上可分为J_2z^1、J_2z^2两个岩性段。下部J_2z^1段为粗碎屑沉积，由两套主要的河道砂体构成；上部J_2z^2段以细碎屑沉积为主。下段J_2z^1自下而上又分为J_2z^{1-1}、J_2z^{1-2}两个亚段，上部J_2z^{1-2}段以浅灰绿、浅灰色的中细粒砂岩为主，夹粉砂岩、泥岩，厚30~60m，是主要的见矿层位；下部J_2z^{1-1}段以浅灰绿色砾岩为主，厚约40m，是次要的含矿层位（图3-5）。主矿层埋深350~700m，总体呈现东北高、西南低的特征。铀矿化段总厚度多为1~7m，D1-7井钻遇厚度可达14m，不同钻井所钻遇的矿化层数、厚度各有差别（1~3层均有），单层厚度0.1~10m

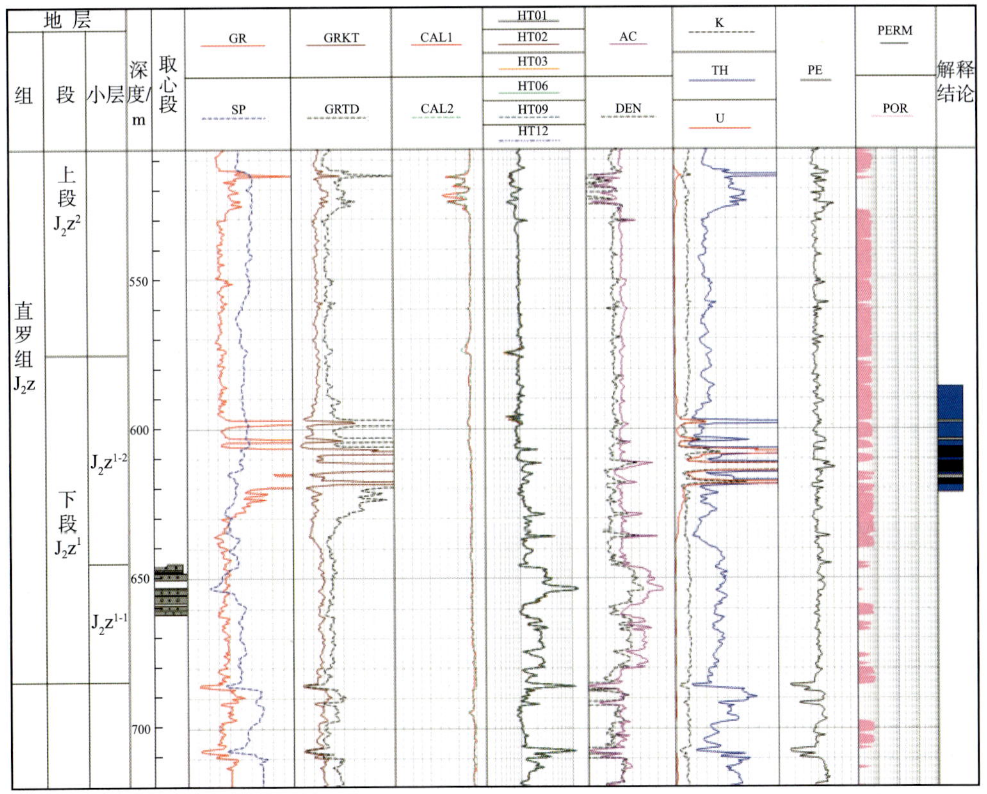

图3-5 D1-21井铀矿化段综合图

不等（图 3–6）。矿体主体部位位于 D21 井 –D40 井 –D20 井 –D47 井 –D57 井 –D1 井 –D7 井 –D25 井一线呈北西 – 南东向展布，矿体的品位和厚度均存在较强的非均质性。钻井提示，矿体沿走向长约 33.4km，南北向长约 14.3km，垂直走向矿体最宽处约 4.6km，中部较窄处仅约 640m。

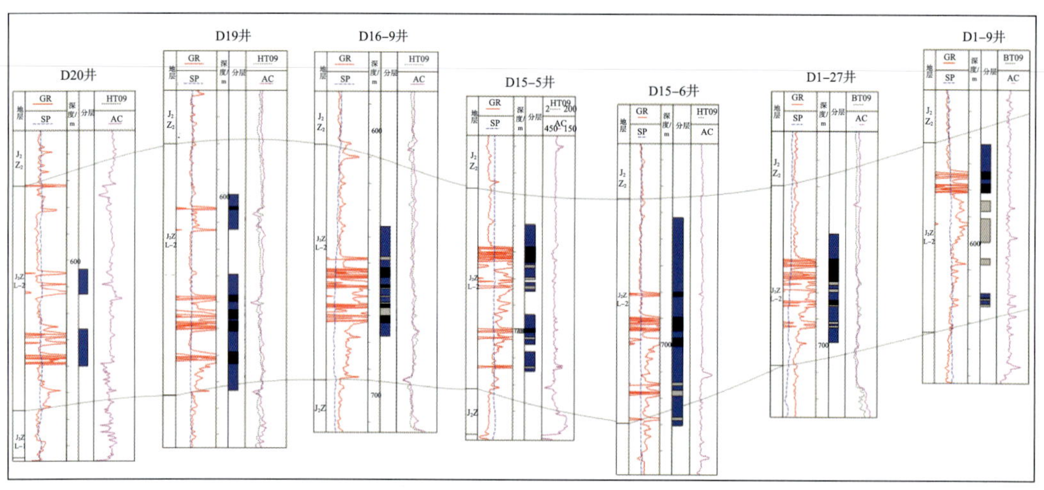

图 3–6　鄂尔多斯盆地北部直罗组铀矿化段对比图

2）煤炭 – 天然气组合

上古生界石炭系 – 二叠系太原组 – 山西组煤层，上古生界二叠系山西组 – 石盒子组天然气藏，以及三叠系的瓦窑堡组和侏罗系的延安组及直罗组多套煤层，存在着煤层与天然气层多类型叠合共生关系。受目前煤炭开发深度限制，延安组煤层与古生界天然气层是比较有开发价值的共生组合类型，分布范围最广。二者呈上下叠置关系，延安组煤层与上古生界天然气层之间间隔中生界三叠系、上古生界上石盒子组和石千峰组。

（1）天然气。

天然气主要分布于下古生界奥陶系碳酸盐岩地层及上古生界山西组、下石盒子组河流 – 三角洲相沉积的砂岩地层中，以岩性气藏为主，具有分布面积广泛，多层叠合连片的特点。

下古生界天然气藏主力产气层为马五段马五 ^{1}、马五 ^{2} 和马五 $^{4-1}$ 的溶斑白云岩，气田面积为 6000km^2，探明天然气地质储量达 2909.88 × 10^{8}m^3（何自新，2005）。大牛地区块下古生界天然气藏三级储量面积为 1041.55km^2，储量为 358.88 × 10^{8}m^3。

上古生界主力产气层、含气层主要分布在靠近气源的山西组山 2 段、山 1 段及下石盒子组盒 1 段，气层顶部埋深 2500~2700m（图 3–7）。

目前已经在上古生界发现并探明了苏里格气田、乌审旗气田、榆林气田、大牛地气田、子洲气田和米脂气田等 6 个大气田，累计探明天然气地质储量达 3.26 × 10^{12}m^3。其中，前 5 个大气田储量均超过 1.00 × 10^{8}m^3，累计含气面积超 2 × 10^{4}km^2。

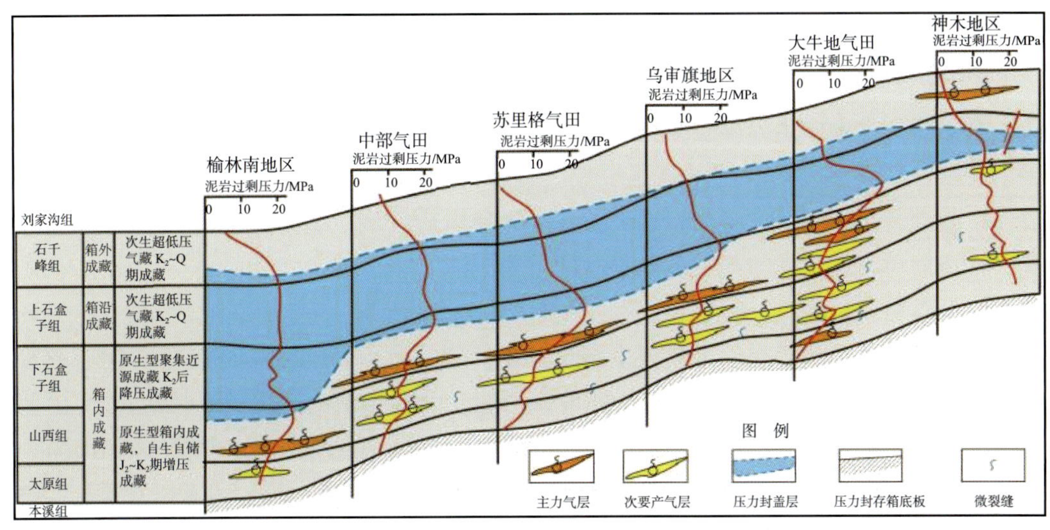

图 3-7 大牛地区块上古生界气藏模式图

（2）延安组煤炭。

延安组煤炭全区分布，纵向发育多套煤层组合，特征明显。已开发煤矿有榆横矿区、大保当矿区。

延安组共发育 4~5 个煤层组，达 10~28 层，累计厚度 5~28m。榆横矿区、大保当矿区 5 个煤层均有发育，各段均含可采煤层，可采煤层有 1^2 号煤层、2^2 号煤层、3^1 号煤层、4^2 号煤层、5^2 号煤层，总厚约 20m，为厚－中厚煤层，其中 3^1 号煤层分布最稳定，2^2 号煤层次之（图 3-8）。区内煤层厚度变化较大，可采煤层不突出。

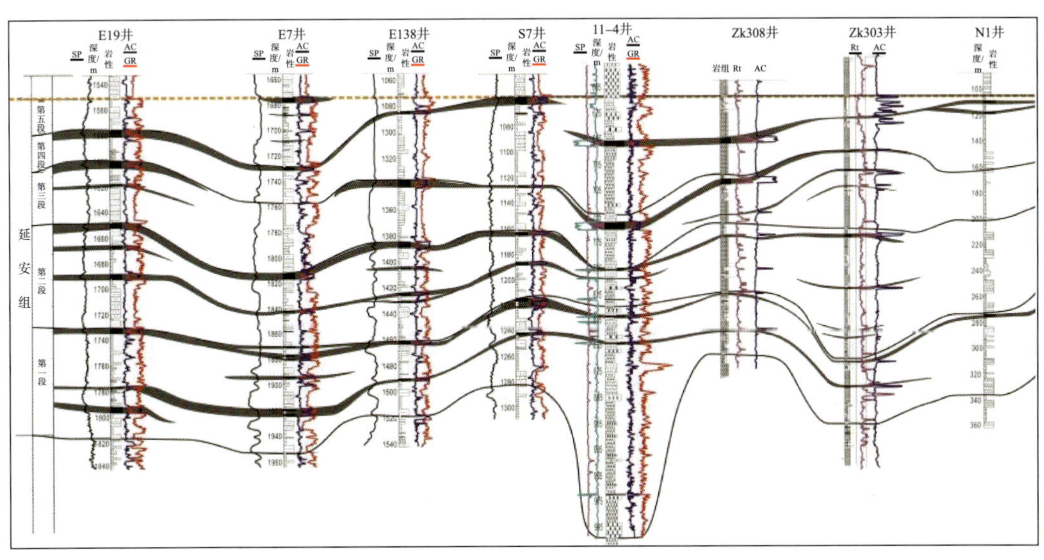

图 3-8 鄂北延安组地层对比图

延安组煤层底部埋深 0~1500m，从西向东埋藏逐渐变浅，神木一带，煤层出露地表；顶部埋深 0~1300m 左右，变化与底部埋深变化趋势相似。

3）煤炭 – 煤层气组合

鄂尔多斯盆地中生界煤层演化程度低，煤层气含气量较低，古生界煤层已达到中 – 高演化阶段，是主要的煤层气富集层位。目前，煤炭、煤层气开发深度局限于 2000m 以浅，该类组合只分布在盆地周缘东、西两带构造区域，盆地东缘煤层保存条件较好，构造简单，煤层气的开发多位于盆地东缘。

（1）煤炭。

盆地东缘是古生界煤层的主要发育区，山西组的 1~3 号煤层、太原组 4~10 号煤层及本溪组 11 号煤层均有发育，累计厚度 4~28m。南部延川南区块以 2 号煤层和 10 号煤层为主要可采煤层，2 号煤层厚 2.80~8.65m，平均 6.09m；10 号煤层厚 0.80~6.40m，平均 2.50m（图 3–9）；煤层埋深 0~1800m。三交区块以 4 号、5 号、8 号、9 号为主要可采煤层，合并后的 4+5 号煤层厚 2.4~8.8m，平均 5.22m，一般为 3.55~4.90m；8 号煤层厚 1.78~4.58m，一般为 3.5~4.00m，平均 3.62m；9 号煤层厚 0.45~91m，一般为 4.3~5.37m，平均 4.64m；煤层埋深 350~1000m。北部准格尔地区以 6 号煤层为主要可采煤层，厚度为 6~30m，平均 20m，埋深 0~1200m（图 3–10）。

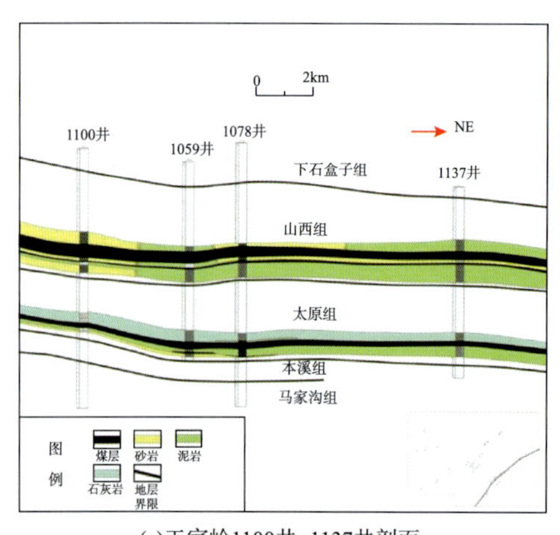

(a)王家岭1100井–1137井剖面

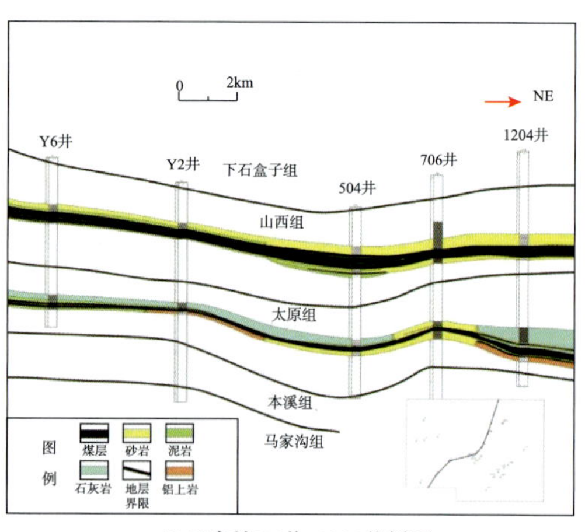

(b)王家岭Y6井–1204井剖面

图 3–9　延川南区块主要可采煤层对比图

目前，盆地东缘和东南缘已经在上古生界发现并探明了准格尔煤田和河东煤田与南缘渭北煤田。古生界 2000m 以浅的煤炭面积为 28541km^2，资源量为 41.85 × 10^{8}t，资源丰度为 3.33 × 10^4~29.98 × 10^{4}t/km^2，北部资源丰度远远高于南部。

（2）煤层气。

盆地东缘古生界煤层是很好的煤层气源岩，也是煤层气很好的储层。据分析，延川南区块 2 号煤层气含量为 2.00~14.24m^3/t，平均为 6.68m^3/t；10 号煤层气含量为 0.38~14.11m^3/t，平均为 7.41m^3/t，煤层气资源量为 356.579 × 10^{8}m^3。三交区块 4+5 号

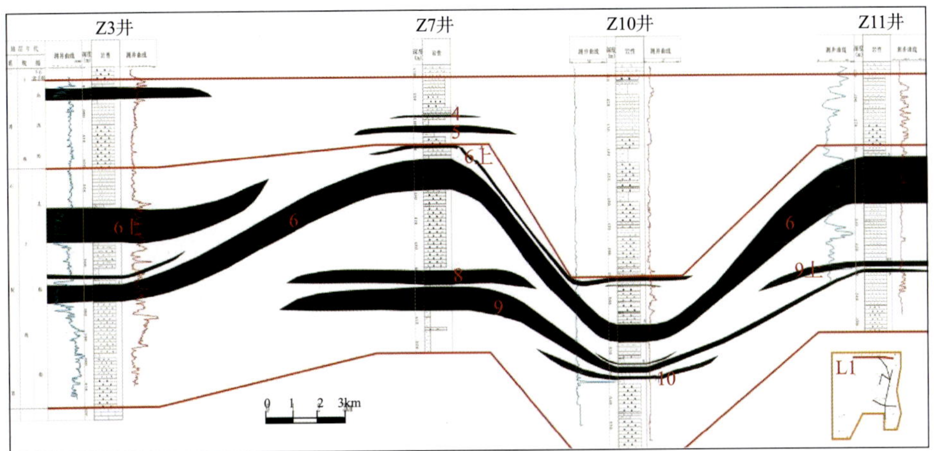

(a)准格尔区块北部东西向煤层展布图

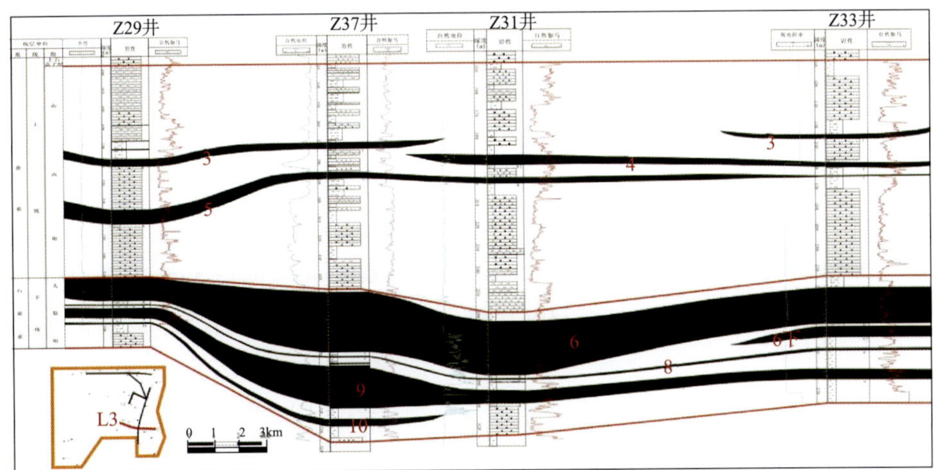

(b)准格尔区块南部东西向煤层展布图

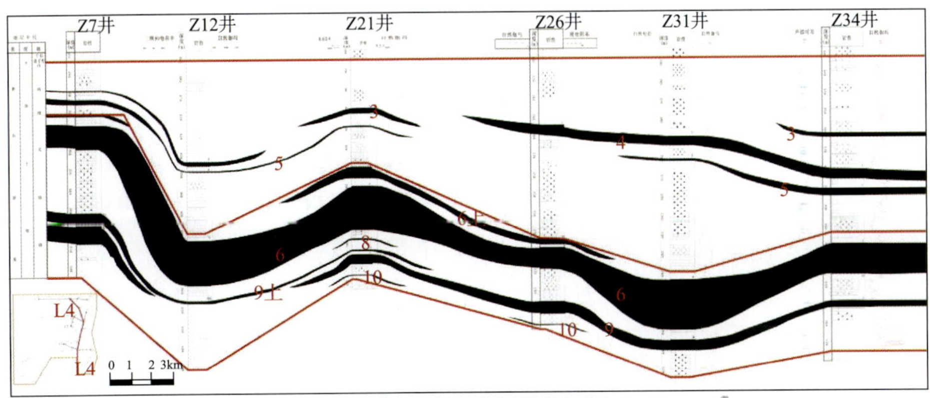

(c)准格尔区块南北向煤层展布图

图 3-10 准格尔地区主要可采煤层对比图

煤层气含量为 $6\sim15m^3/t$，平均为 $9.2m^3/t$；8 号、9 号煤层气含量为 $3\sim14m^3/t$，平均为 $7.5\ m^3/t$，资源量为 $719.6\times10^8m^3$。准格尔区块 6 号煤层气含量普遍较低，最高只有 $2.1m^3/t$，资源量为 $348.69\times10^8m^3$。

4）煤炭－石油组合

在中生界石油分布的伊陕斜坡、天环坳陷区带，鄂南盐池、定边、吴旗、子长、延安、富县、宜君、彬县、崇信、环县范围内，发育石炭系－二叠系的太原组、山西组，三叠系瓦窑堡组和侏罗系延安组、直罗组多套煤层，存在着煤层与石油层系多种类型资源叠合共生关系。受目前煤炭开发深度限制，延安组煤层与中生界石油是分布范围最广、最重要的共生组合类型。

（1）石油。

中生界石油探明储量分布在鄂南的广大区域，且探明区域逐年增大，有连片含油趋势。目前已相继发现了安塞油田、靖安油田、西峰油田、姬塬油田、红河油田、甘谷驿油田、延长油田、下寺湾油田等亿吨级油田。截至 2015 年年底，鄂尔多斯盆地累计发现油田 34 个，探明石油地质储量 54.75×10^8t。

纵向上，石油赋存于延长组长 1 期～长 10 期的三角洲前缘水下分流河道、河口坝、浊积岩等储集砂岩中，具有多层复合含油的特征。其中，长 6 期、长 8 期油层在鄂南的广大地区广泛发育，为主要的产油层位，特别是长 8 油层组单层厚度大、粒度粗、物性好、含油普遍、试油产量高，是鄂南最主要的含油层位。长 9 油层组为镇泾区块南部的高产层位（图 3–11），东部的旬宜区块以长 3 油层组为主要含油层。长 8 期油藏埋深 650~3000m，东部富县区块埋藏最浅，向西埋深加大，麻黄山区块埋藏最深。

延安组油藏发育于延 5 期～延 9 期的分流河道砂体中，储层物性较好，主要为构造－岩性油藏，油藏面积小，含油丰度高，易高产，储量规模相对较小。延安组油藏发育在靠近盆地西缘的定北－麻黄山－镇原－泾川一带。油藏埋深 1300~2200m，北部定北、南部镇泾地区埋藏较浅，中部麻黄山地区埋深超 2000m。

（2）煤炭。

鄂南地区延安组中下段含煤，煤层累计厚度为 0~20m，由北向南、由西向东含煤层段逐渐变老，煤层厚度变薄。西北部定北－麻黄山－灵盐一带一般为延安组中下段含煤，发育 2 号～5 号煤层，南部镇泾－彬长一带延安组上部 4 段、5 段地层被剥蚀，只发育下部 1 段～3 段地层，相应地，只发育下部的 3 号～5 号煤组。东部三延地区延安组地层煤层不发育，煤层厚度为 0m（图 3–12、图 3–13）。

延安组顶板埋深为 700~2200m，南部彬长地区埋深较浅，向西、向北埋深加大，麻黄山地区埋深最大。

目前已在盆地南部的彬长区块发现并探明了彬长煤矿，其面积为 $1178.5km^2$，资源丰度为 $737\times10^4t/km^2$，2000m 以浅处发育煤炭资源量 86.94×10^8t，主采煤层为延安组下段的 4^2 号煤层和 5^2 号煤层。

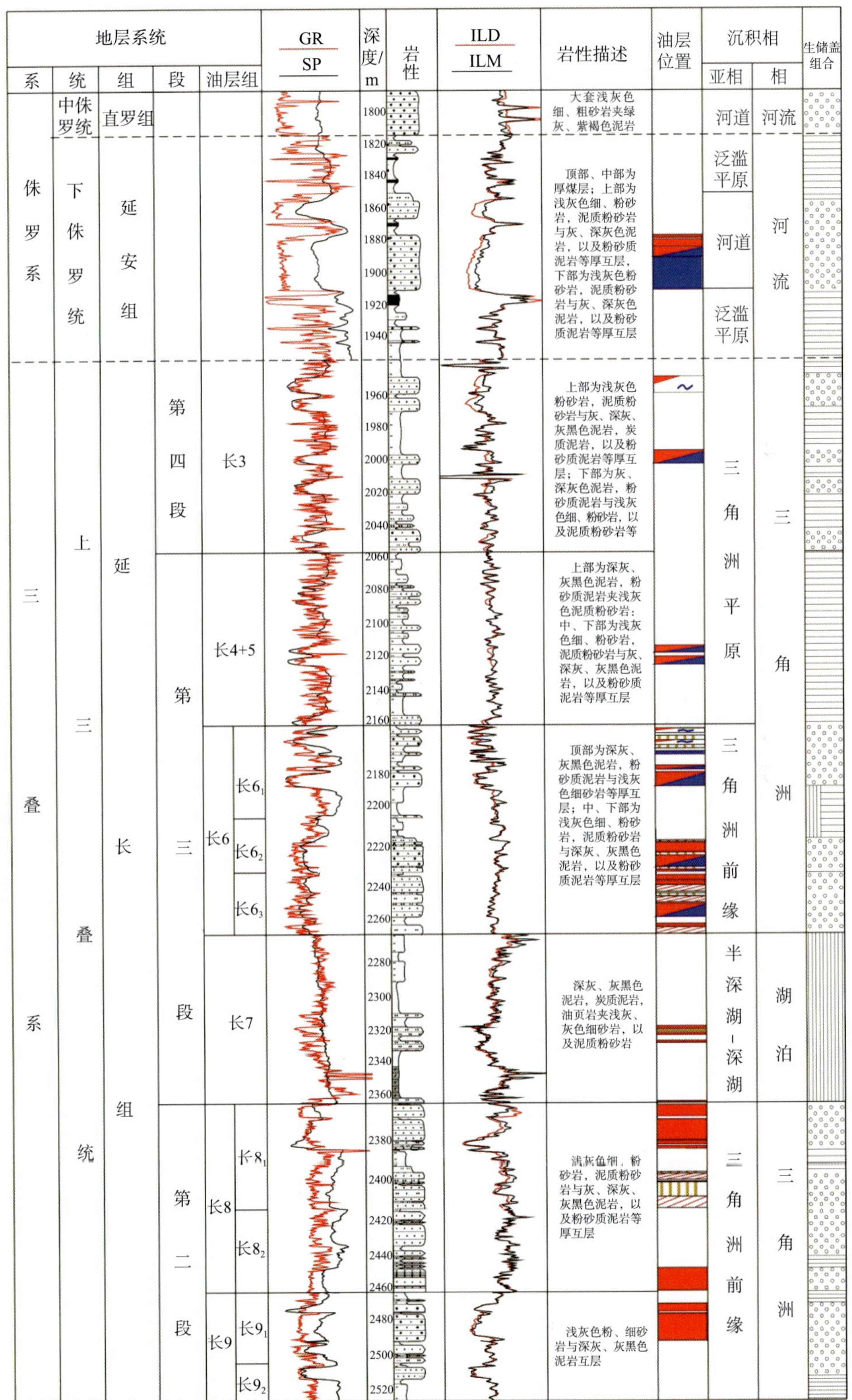

图 3-11　鄂南镇泾区块综合柱状图

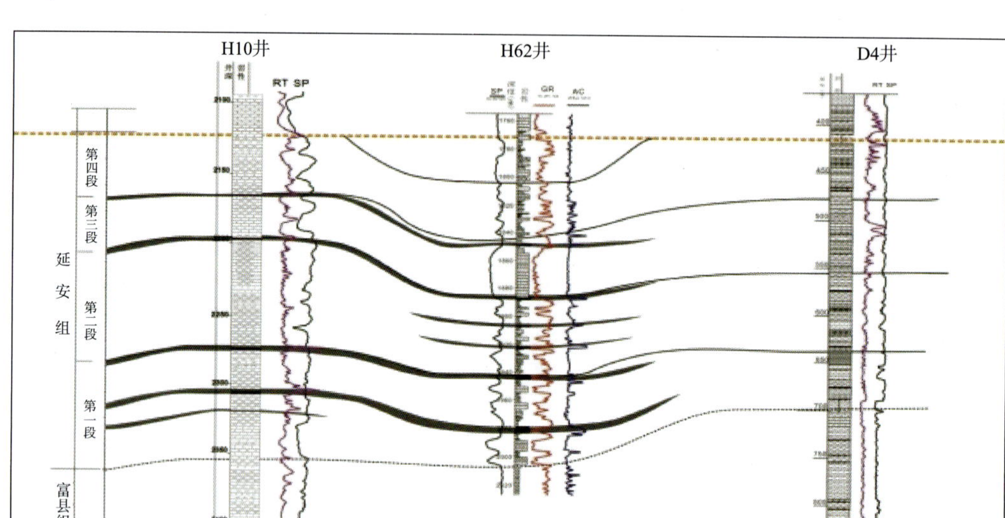

图 3-12　盆地西北部延安组地层对比图

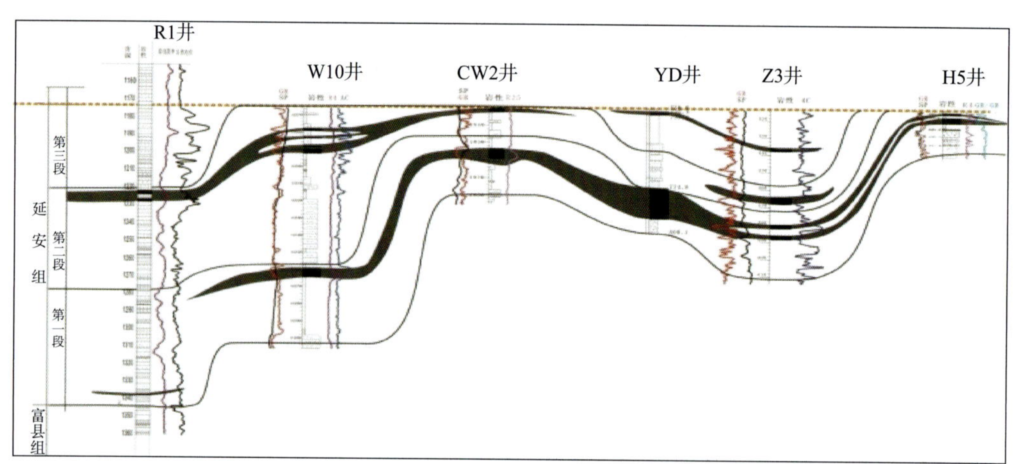

图 3-13　盆地南部延安组地层对比图

5）铀 – 石油 – 煤炭组合

除盆地北缘的铀矿分布区域外，盆地南部平凉 – 华亭一带、旬邑 – 宜君 – 铜川 – 黄陵一带等区域也有零星铀矿分布，与中生界延长组石油分布范围及石炭系 – 二叠系太原组、山西组和侏罗系的延安组等多套煤层共生发育，存在着铀、煤炭与石油多种类型资源叠合现象，三者为下上叠置关系。

铀主要赋存在中生界直罗组下段上部的河流相砂岩地层中，分布零星，是潜在的铀矿勘查区域。

石油主要赋存在延长组水下分流河道及浊积岩类砂体中，目前已在旬邑 – 宜君区块提交三级储量 10661.24×10^4t。

旬邑 – 宜君区块主要产油层为延长组长 3 油层组，延长组长 6 油层组、长 7 油层组、长9油层组也钻遇了较好的油气显示，部分井试获工业油流，具有多层叠合含油的特征。纵向上，油层厚度会受到砂体发育程度的控制。长3油层组埋藏深度为166~566m，平均埋藏深度为486.8m（图3-14）。

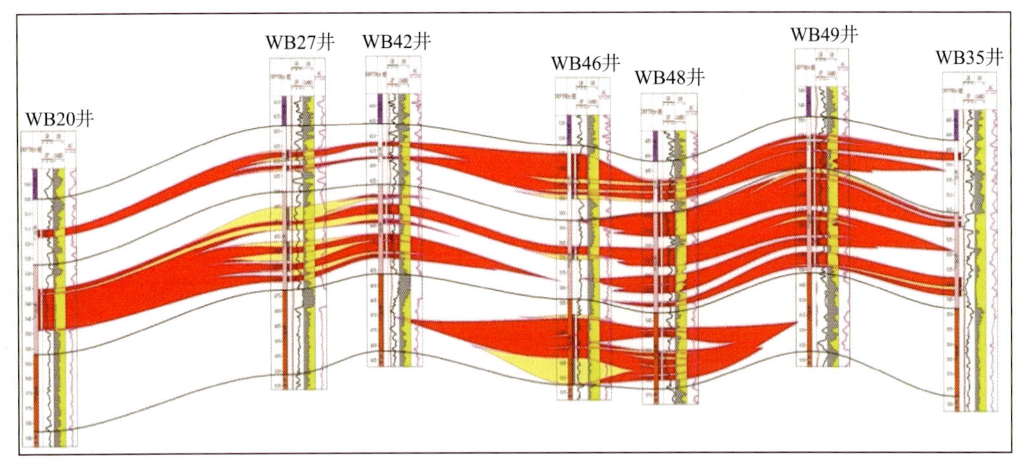

图3-14 渭北长3油层组地层对比图

煤层主要赋存于延安组下部的一段、二段地层中，已开发煤矿有位于华亭地区的华安煤矿及黄陵地区的黄陵煤矿，两者面积为1502.7km^2。华安煤矿主要为5号煤层，含煤层数多，煤层厚度一般在10m以上，最厚约60m；黄陵煤矿延安组下段含煤层8层，其中5^{2}号煤层全区稳定可采，4^{2}号煤层局部可采，最大厚度约30m。

6）石油－天然气－煤炭组合

上古生界天然气、中生界石油叠合分布区域，仅仅局限在盆地中部甘肃盐池－吴旗－陕西延安一线的两侧，该区油气藏与中生界延安组、延长组煤层和上古生界石炭系－二叠系煤层存在纵向组合关系。

上古生界天然气主要赋存于太原组－下石盒子组潮坪砂坝、分流河道砂岩储集体中，以岩性气藏为主，气层横向连续，分布范围广。西部定北地区以太2段、盒1段为主要产气层，其次为山2段和山1段。

西部盐池－定北地区中生界石油赋存于延安组中，煤炭主要赋存于延安组中下段的延1段~延4段，二者为同体共生关系，与上古生界天然气藏为上下共生关系，之间间隔古生界上石盒子组和三叠系延长组。中部吴旗主要含油层为延长组，煤层主要存在于延安组。西部延安一带，石油主要赋存于延长组中，煤层主要位于延长组上部，二者属于同体共生关系。

第 2 节　共生能源矿产分区特征

1. 能源矿产组合区域划分

1）分区的目的及意义

对盆地矿产资源进行分区，既有利于阐释多种矿产资源组合共生的内在联系，又能更清楚地查明资源的赋存规模和分布状态，同时对区域内矿产资源共生组合协调开发的近、中、长期规划部署具有重要的指导意义。

2）分区方案

（1）分区的主要参考因素。

依据 5 种能源矿产的平面分布特征，以及能源矿产的聚集发育规律，可以综合划分出共生能源组合的展布区域。

①铀矿。

紧靠富含稀土、稀有金属、放射性元素的周缘大型物源区；具有宽缓稳定、坡度较小的大斜坡，稳定的盆地边缘，水体补给充裕，从而有利于发育规模性的氧化 – 还原过渡带；发育多期继承性的大型河流 – 三角洲沉积体系，石炭系 – 二叠纪的碎屑岩体系有利于盆地内的天然气向边缘过渡带运移，而侏罗纪的碎屑岩体系则有利于富矿流体向盆内运移，形成富矿体。

②煤炭。

煤层全盆地分布，上古生界石炭系 – 二叠系、中生界延安组两大聚煤期，均处于成煤的有利沉积环境；煤层埋深适中，一般小于 1000m，300~600m 处发育较好；构造改造简单，水文条件好，满足煤炭开发作业安全施工要求；地表条件好，方便煤炭运输，有利于企业配套基础设施建设。

③煤层气。

煤层的热演化程度是关键，侏罗系低级煤的含气量小，开发潜力不大；石炭系 – 二叠系高级煤的含气量高，开发价值较大；煤层的埋深适中，500~1500m 处发育较好。构造改造弱，地表条件好，水文条件有利。

④天然气。

处于石炭系 – 二叠系煤层发育区，且煤层埋深大，经历了较强的热演化，生烃能力高；处于大型海陆交互相砂岩的有利相带；发育有利圈闭体的区带，具有良好的天然气成藏后期保存条件。

⑤石油。

处于三叠系烃源岩的有利分布区，延长组深湖 – 半深湖高含放射性的优质烃源岩发育；处于三叠系的五大三角洲有利储层发育区，源储配置好；后期构造改造弱，抬升小，断层及裂缝不发育，保存条件好。

（2）能源矿产组合区域划分结果。

以鄂尔多斯盆地构造单元为基础，根据煤炭、石油、天然气、煤层气、铀等单一矿产资源分布情况、矿产经济价值等，将盆地划分为6个区域（图3-15）。

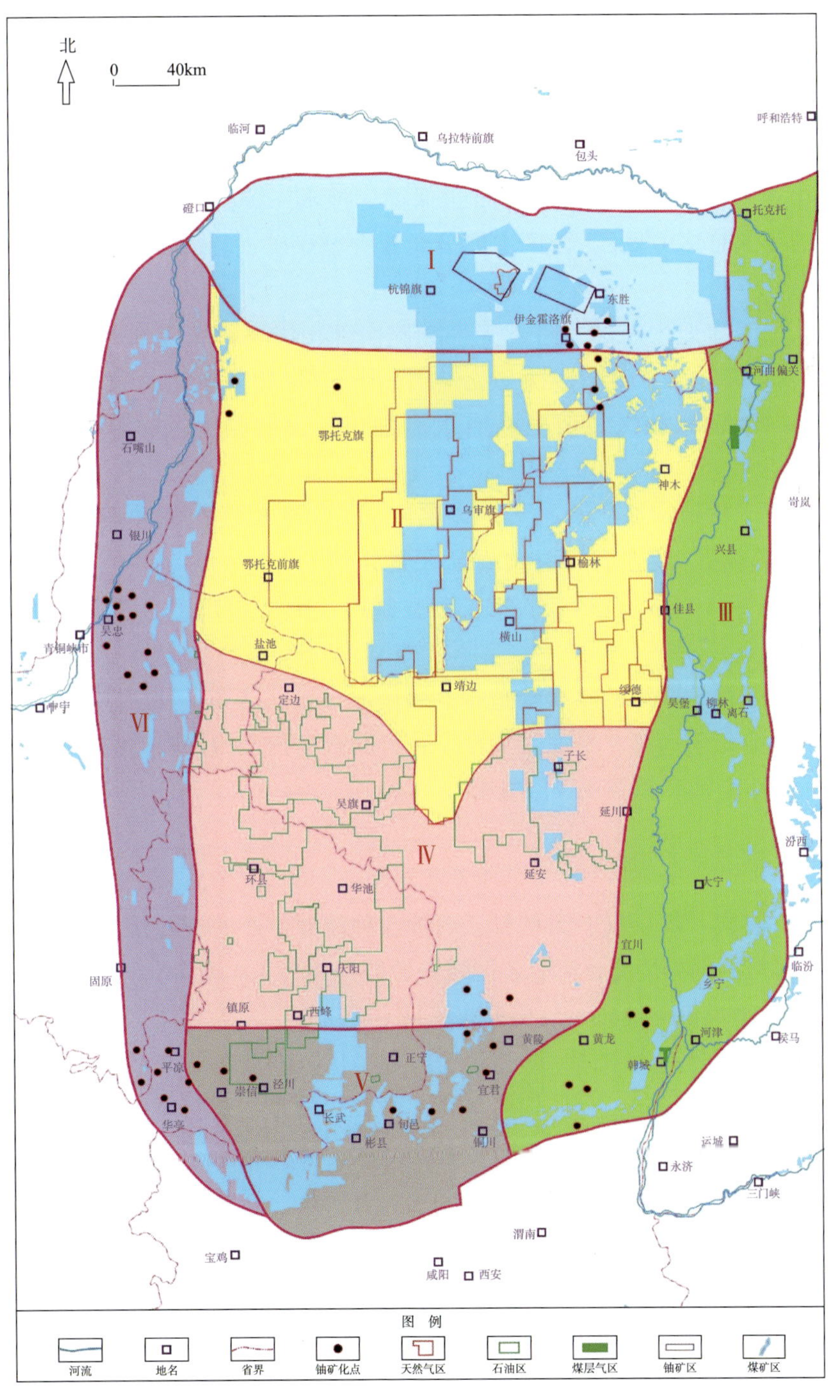

图3-15 鄂尔多斯盆地共生能源矿产组合分区图

Ⅰ区：位于盆地北缘，以伊盟隆起为主体，由伊盟隆起、伊陕斜坡东北部和晋西挠褶带北部组成。属于内蒙古自治区，大致分布于东胜－杭锦旗一带，勘查面积大约 $3.49\times10^4km^2$。该区主要分布有大型铀矿、大型天然气田和大型煤矿。

Ⅱ区：位于盆地北部，跨越天环坳陷北部、伊陕斜坡北部和晋西挠褶带西缘地区。属于内蒙古自治区和陕西省，大致分布于神木－鄂托克旗－定边－子长一带，勘查面积大约 $7.76\times10^4km^2$。该区主要分布有大型天然气田、大型煤矿和零星铀矿。

Ⅲ区：位于盆地东缘，主要包括晋西挠褶带、伊陕斜坡东南部和渭北隆起西北部。属于山西省和陕西省，大致分布于保德－神木－绥德－黄陵－乡宁环围区域，勘查面积约为 $5.31\times10^4km^2$。该区主要分布有大型煤矿、较大型煤层气田和小型天然气田。

Ⅳ区：位于盆地中南部，跨越天环坳陷南部、伊陕斜坡南部区域。属于宁夏回族自治区、陕西省和甘肃省，大致分布于子长－定边－镇远－黄陵一带，勘查面积大约 $4.8\times10^4km^2$。该区主要分布有大型油田、大型煤田、资源丰富的潜在天然气田。

Ⅴ区：位于盆地南缘，跨越天环坳陷南部、伊陕斜坡南部和渭北隆起东部。属于宁夏回族自治区、陕西省和甘肃省，大致分布于安塞－黄陵一线的西南区域，勘查面积约为 $2.7\times10^4km^2$。该区分布有大型油田、中型煤田、小型铀矿和潜在天然气田。

Ⅵ区：位于盆地西缘的复杂构造带，呈南北条带状展布。属于宁夏回族自治区和甘肃省，大致分布于乌海－平凉－华亭一带，勘查面积大约 $3.7\times10^4km^2$。该区分布有较大型煤田、小型铀矿和潜在煤层气田。

2. 分区能源矿产组合特征

综合铀、煤炭、煤层气、天然气、石油 5 种能源矿产的资源规模和勘查现状，结合盆地 6 类区域的划分情况，汇总各区域资源数据如表 3-1 所示。

1）北缘大型煤田－铀矿－气田勘查区域

该区域以伊盟隆起为主体，跨越伊盟隆起、伊陕斜坡东北部和晋西挠褶带北部。伊盟隆起是一个长期隆起，总体构造平缓，断裂较发育，地层向南倾斜，经历了晚石炭世三角洲及潮坪、二叠纪冲积扇、三叠纪冲积平原及泛滥平原和侏罗纪冲积平原演化，主要富集石炭系－二叠系和侏罗系煤炭、石炭系－二叠系天然气及侏罗系铀矿资源。该区域大致分布于东胜－杭锦旗一带，包含神华集团煤矿区、中核集团大型铀矿勘查区和中国石化杭锦旗天然气勘查区（图 3-16）。

东胜－杭锦旗地区的煤田为高丰度的大型煤田，主要目的层是侏罗系延安组，埋深 300~1700m，是可采优质煤资源。东胜矿区延安组顶部和底部为河流相洪泛平原沉积体系，中部为三角洲平原沉积体系，各段均含可采煤层，厚约 20m，分布稳

表 3-1 鄂尔多斯盆地共生能源矿产分区域资源勘查情况

区域	面积/km^2	铀				煤炭				天然气				石油				煤层气			
		勘查区		潜力区		勘查区		潜力区		开发区		勘查区		开发区		勘查区		开发区		勘查区	
		面积/km^2	探明储量/10^4t	面积/km^2	资源量/10^4t	面积/km^2	查明资源量/10^8t	面积/km^2	资源量/10^8t	面积/km^2	探明储量/10^8m^3	面积/km^2	潜在资源量/10^8m^3	面积/km^2	探明储量/10^8t	面积/km^2	潜在资源量/10^8t	面积/km^2	探明储量/10^8m^3	面积/km^2	潜在资源量/10^8m^3
Ⅰ	34868	406	—	8016	—	8300	520	11185	2725	242	163	10000	4000	—	—	—	—	—	—	10000	9000
Ⅱ	77580	—	—	—	—	20000	2093	42310	6852	32739	35485	20000	16000	—	—	—	—	—	—	—	—
Ⅲ	53142	—	—	—	—	8000	950	14465	2050	—	—	5000	3000	—	—	—	—	1298	1490	8000	7200
Ⅳ	56000	—	—	—	—	728	20	25690	2610	—	—	20000	8000	9689	52.2	4000	12	—	—	—	—
Ⅴ	24404	—	—	—	—	4200	150	8710	440	—	—	12000	8400	664	2.5	5000	10	—	—	—	—
Ⅵ	37200	—	—	—	—	3500	330	4165	1025	—	—	8000	3200	—	—	—	—	—	—	10000	4500
合计	283200	406	—	8016	—	44728	4063	106525	15702	32981	35648	75000	42600	10353	54.7	9000	22	1298	1490	28000	20700

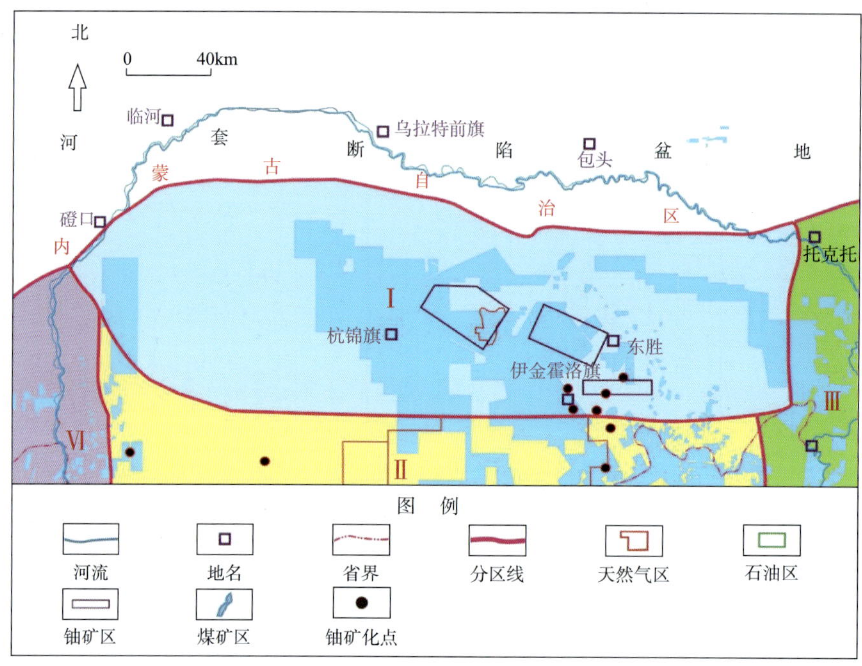

图 3-16 鄂尔多斯盆地北缘共生能源矿产组合图

定，结构简单，资源丰度为 $1424\times10^4t/km^2$。西侧连接的杭锦旗预测区，资源丰度为 $1270\times10^4t/km^2$，延安组各段均含煤，3^1 号煤层和 4^2 号煤层分布稳定，主要可采层为中厚－厚煤层。2000m 以浅煤炭分布面积为 $19485km^2$，资源量 3245×10^8t，取得矿权面积 $8300km^2$，查明资源规模 520×10^8t，是煤矿开发的主要地区。

东胜－杭锦旗铀矿主要由中核集团进行勘查（柴登地区由中核集团和中国石化华北油气分公司共同勘查），主要目的层是侏罗系直罗组，埋深 500~800m，为地浸砂岩型铀矿。铀矿主要赋存于直罗组下部河流相的中粗粒砂岩地层中，含铀流体在古层间氧化带前锋线附近遇到还原介质，铀在氧化还原过渡带中沉淀下来，形成层间氧化带砂岩型铀矿。该区目前发现整装勘查区面积 $8422km^2$，预查区 11 个共 $2719.48km^2$，重点勘察工作区 3 个，勘察面积约 $1695km^2$，已探明皂火壕特大型铀矿床 1 个，北部呼斯梁铀矿带已发现大中型铀矿产地 5 处。纳岭沟矿床采用 CO_2+O_2 浸出工艺的地浸条件试验进展顺利，已基本具备地浸矿山建设的工艺技术条件。

中国石化华北油气分公司所负责的杭锦旗天然气勘查区，勘探面积 $9805.111km^2$，古生界天然气埋深主要为 2000~4000m，资源量 $11345.21\times10^8m^3$，其中，上古生界占 98%。天然气主要分布于下古生界奥陶系碳酸盐岩地层及上古生界山西组、下石盒子组河流－三角洲相沉积的砂岩地层中，以岩性气藏为主，分布广泛，多层叠合连片发育。截至 2014 年年底，已累计提交上古生界天然气探明储量 $162.87\times10^8m^3$，控制储量 $4558.23\times10^8m^3$，预测储量 $2119.10\times10^8m^3$，三级储量共计 $6840.20\times10^8m^3$，叠合面积 $4071.87km^2$。目前，部分地区已进入开发准备与产能建设阶段，随着勘探开发的不断深入，含气范围将不断扩大，产能不断提高。

2）北部大型煤田－气田－零星铀矿勘查区域

该区域跨越天环坳陷北部、伊陕斜坡北部和晋西挠褶带西缘地区，发育有少量褶皱、挠曲、鼻状构造。天环坳陷主要经历了石炭纪局部潮坪、二叠纪潟湖、三叠纪扇三角洲，以及侏罗纪冲积平原、三角洲演化。伊陕斜坡北部主要经历了石炭纪潮坪、潟湖，二叠纪三角洲、潮坪，三叠纪泛滥平原、曲流河、三角洲前缘，以及侏罗纪三角洲演化，富集石炭系－二叠系煤、石炭系－二叠系天然气和侏罗系铀矿资源。该领域大致分布于神木－鄂托克旗－定边－子长一带，包含神华集团及其他单位的煤矿区，中国石油、中国石化主力天然气区，以及中核集团零星铀矿勘查点（图3-17）。

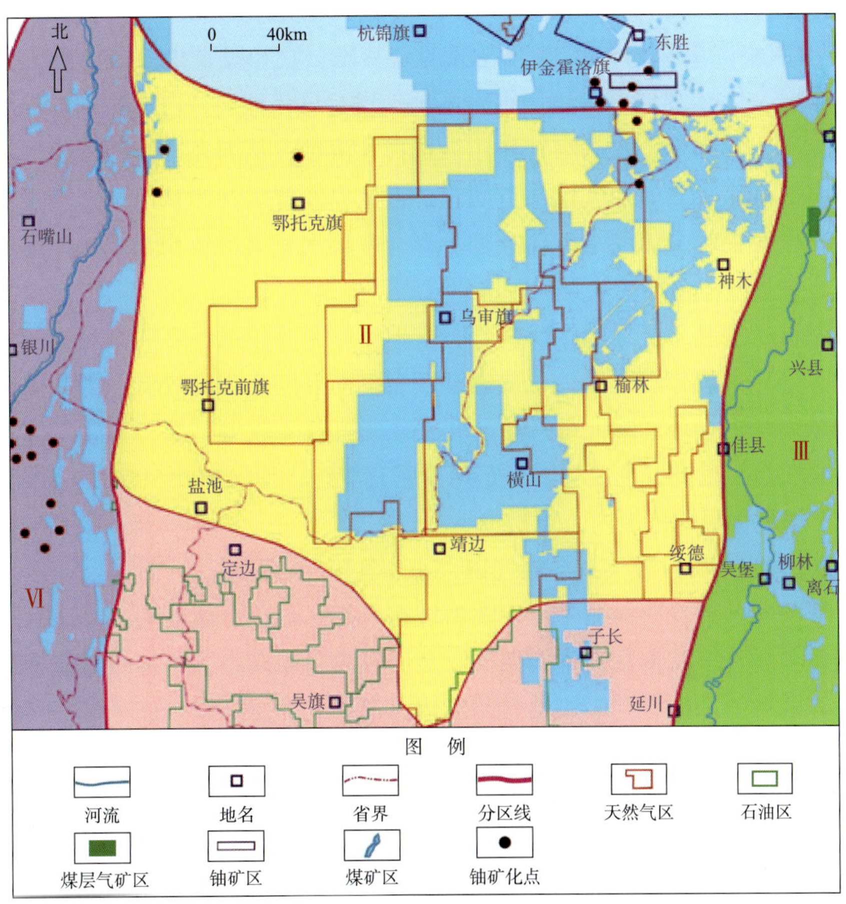

图3-17 鄂尔多斯盆地北部共生能源矿产组合图

鄂尔多斯盆地北部地区大型优质煤炭发育区包括东胜南部、鄂托克旗、乌海、榆林、神木等地的煤矿区，杭锦旗、靖定、盐池等地也分布有有利预测区块，为高丰度的大型煤田，主要由神华集团勘查开发，另外还有一些中小型煤田归地方单位勘查。煤层主要富集在侏罗系延安组，纵向发育多套煤层组合，埋深500~1500m。延安组主要发育冲积平原河流、湖泊和三角洲沉积，煤层主要发育在河漫滩及分流间湾的沼泽环境中。煤田开发区延安组各段均含可采煤层，分布稳定，一般厚约 20m，资源丰度由 $731 \times 10^4 t/km^2$、$916 \times 10^4 t/km^2$ 到 $967 \times 10^4 t/km^2$，向北部依次升高。鄂托克旗煤田、杭锦旗煤田、靖定煤田、盐池煤田含预测有利区块，由北向南延安组可采煤层总厚约 15m，3^1 号煤层、4^2 号煤层和 5^2 号煤层 3 层可采，随着深度增大，煤炭成熟度逐渐变高。2000m 以浅煤炭分布面积约 $62310km^2$，煤炭资源为 $8945 \times 10^8 t$，已开发煤矿的榆横矿区、大保当矿区等，取得矿权面积 $20000km^2$。

盆地北部是主要的天然气田勘探开发区，已发现了中国石油长庆分公司靖边气田、苏里格气田、榆林气田、乌审旗气田、子洲气田和中国石化华北油气分公司大牛地气田 6 个大气田，还有东胜气田、神木气田、米脂气田和柳杨堡气田等中小气田，已累计发现探明储量 $3.548 \times 10^{12} m^3$，主要气层是奥陶系马家沟组和二叠系石盒子组、山西组，集中分布在靠近气源的盒 9 段、盒 8 段及山 2 段、山 1 段，埋深 2000~4000m。下古生界储层主要为奥陶系顶部岩溶风化地层，白云岩中的可溶性矿物由于地表水的淋滤和地下水的溶蚀作用被选择性溶蚀，从而在岩溶地层中形成溶洞、溶孔及溶缝，成为良好的油气储集空间。上古生界发育大型辫状河三角洲沉积，三角洲平原和三角洲前缘分流河道砂体连片分布，多期次、多层位相互叠加，形成大面积分布的复合储集砂体，经油气充注后连片成藏，规模巨大。

该区域位于东胜 – 杭锦旗铀矿南部，富铀流体来源较远，距离有利地浸砂岩型铀矿的氧化 – 还原过渡带较远，铀矿成矿期较短，而且勘查程度较低，因此铀矿点零星分布在伊陕斜坡、天环坳陷北部的伊金霍洛旗、鄂托克旗等地区，覆盖范围较大。铀矿由中核集团组织勘查，主要目的层是侏罗系直罗组，埋深 500~700m，主要分布在该区东北部和西北部局部范围内，规模较小。

3）东缘大型煤田 – 较大型煤层气田 – 小型气田勘查区域

该区域跨越盆地晋西挠褶带、伊陕斜坡东南部区域，总体上为一个向西和北西缓倾的大型单斜构造，其上发育轻微褶皱，断层较少且规模小，这种相对简单但局部构造较为发育的单斜构造有利于煤层气的形成、保存及勘探开发。该区域石炭纪 – 二叠纪主要发育浅海、陆棚及三角洲沉积，到晚三叠世演化为湖泊、三角洲前缘，侏罗纪遭受剥蚀。整体大致分布于保德 – 府谷 – 绥德 – 黄陵 – 乡宁环围区域，包含神华集团上古生界大型煤矿区、中联煤和中国石化较大型煤层气区，以及中国石油、中国石化富县、绥德小型气田（图 3–18）。

鄂尔多斯盆地东缘煤层主要形成于泥炭沼泽和泥炭坪，受构造影响，埋藏浅，勘探成本低，易于开发。煤系主要发育于上古生界石炭系太原组及二叠系山西组，厚度以东厚西薄、北厚南薄为特征，北部府谷煤层累计厚度达 20~35m，中部柳林地区厚度为 10~20m，而南部铜川等地煤层总厚度仅 5m 左右；河东煤田太原组主要可采煤层为 8 号、9 号、10 号煤层，平均总厚度为 6.66m，往南至乡宁一带变薄。在保德 – 宜川一带上古生界的大型煤矿，上石炭统太原组含煤 5~8 层，埋深

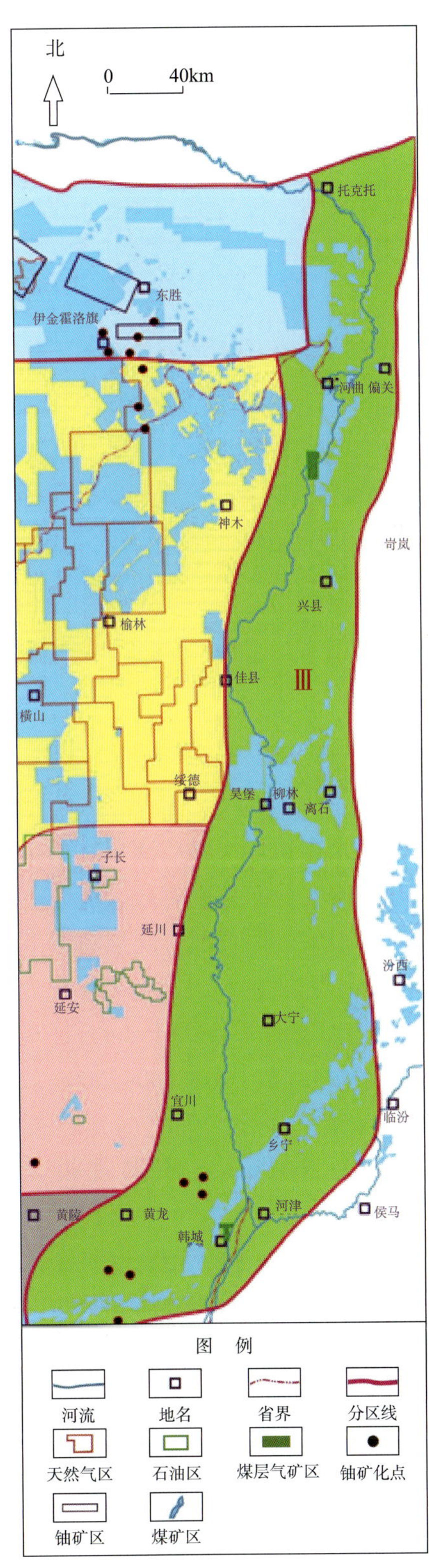

图 3-18 鄂尔多斯盆地东缘共生能源矿产组合图

400~1000m，盆地东缘和东南缘已经在上古生界发现并探明了准格尔煤田、河东煤田、南缘渭北煤田。古生界 2000m 以浅煤炭分布面积为 22464.3km^2，资源量为 2998.55×10^{8}t，资源丰度为 3.33×10^4~29.98×10^{4}t/km^2，北部资源丰度远远高于南部。2000m 以浅煤炭分布面积为 22465km^2，煤炭资源约 3000×10^{8}t，已经取得矿权面积 8000km^2，查明资源规模 950×10^{8}t。

鄂尔多斯盆地东缘煤层气资源丰富，冯三利等研究认为，鄂尔多斯盆地东缘煤层气资源量为 19962.3×10^{8}m^3（包括准格尔地区）；而接铭训认为，1500m 以浅煤层气地质储量为 5.72×10^{12}m^3（包括准格尔地区），具有形成大型煤层气田的重要条件。该区域煤层气主要分布在上古生界石炭系－二叠系，山西组尤其发育，埋深 400~1000m。煤层气平均资源丰度为 1.29×10^{8}m^3/km^2，其中，埋深 300~1200m 的煤层气占埋深 300~2000m 煤层气资源量的 38.1%。

盆地东缘还分布有上古生界小型气田，埋深 400~1000m，主要分布在绥德、富县东部等地区，构造程度较高。气田分散，丰度低。

4）南部大型油田－小型煤田－潜在气田勘查区域

该区域主要包括天环坳陷和伊陕斜坡两个构造单元的中南部，其中，天环坳陷发育褶皱，石炭纪为古陆，局部发育潮坪，二叠纪发育潟湖，到晚三叠世演化为扇三角洲沉积，侏罗纪主要发育三角洲和冲积平原。伊陕斜坡构造不发育，断裂很少，经历了石炭纪潟湖，二叠纪浅海、陆棚和潮坪，晚三叠世扇三角洲、湖泊和三角洲前缘，以及侏罗纪三角洲和开阔湖的沉积演化，富集石炭系－二叠系天然气、三叠系石油和侏罗系煤炭资源（图 3-19）。该区域大致分布于子长－定边－镇远－黄陵一带，包含煤矿区和中国石油、延长石油的主力产油区，以及中国石化华北油气分公司部分产油区及天然气勘查区。

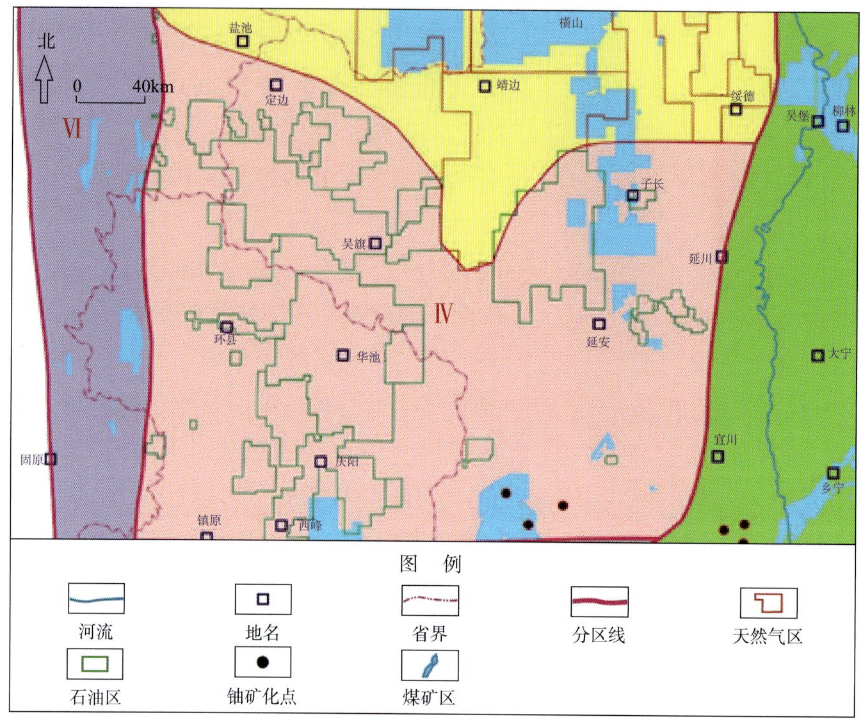

图 3-19 鄂尔多斯盆地南部共生能源矿产组合图

鄂尔多斯盆地南部区域煤层包括子长 – 延安一带的瓦窑堡组煤层和广泛分布的延安组煤层。瓦窑堡组煤层形成于森林沼泽或泥炭沼泽环境中，分布范围有限。煤层主要发育于瓦窑堡组上部，埋深多在 2000m 以浅，层数多，但缺乏厚煤层，煤层总厚度达 11m 左右，单层煤厚度一般为 0.05~0.40m，可采和局部可采 1~2 层，含煤系数为 1.67%，局部高达 2.53%。富煤中心分布于子长 – 蟠龙一带，累计厚度大于 4m。延安组煤层分布在环县 – 庆阳预测有利区的北部，延安组中下段含煤，埋深 200~2000m，有 3 层可采，煤层分布稳定，单层厚度一般约为 2~4m，最厚可达 20m，资源丰度为 1024×10^4~473×10^4t/km^2。2000m 以浅煤炭分布面积为 26418km^2，资源规模为 2630×10^8t，已经取得矿权面积 728km^2，查明资源规模 20×10^8t。

鄂尔多斯盆地南部是主要油田发育区之一，主要目的层为三叠系延长组和侏罗系延安组，其中，延长组石油埋深 500~3000m，延安组石油埋深 200~1800m。受北、东北向物源的远源三角洲控制，延长组主要发育辫状河三角洲和曲流河三角洲沉积，三角洲前缘水下分流河道和河口坝砂体多层叠合，连片分布，构成了大面积分布的储集砂体。延安组沉积物源具多方向性，主要有北东来源的晋陕水系、北西来源的宁陕水系、由西向东的甘陕水系及南西来源的庆西水系，在多物源的影响下沉积了一套碎屑岩系。经后期构造运动，延安组底部古河道两侧侵蚀面碎屑岩成为主要油气储集层。目前，该区已发现中国石油长庆分公司的靖安油田、姬塬油田、安塞油田等亿吨级油田（或含油地区），延长石油的甘谷驿油田、延长油田、下寺湾油田等亿吨级油田（或含油地区），还有长庆油田的马坊油田、马岭油田、吴旗油田、红井子油田、城壕油田、元城油田、华池油田、直罗油田、油房庄油田、庙湾油田、樊家川油田、南梁油田、王洼子油田、白豹油田、镇北油田、胡尖山油田、五蛟油田、演武油田、大水坑油田等中小型油田（或含油地区），延长石油的蟠龙油田、川口油田、子长油田、丰富川油田、姚店油田、青化砭油田、劳山油田、南泥湾油田、子北油田、永坪油田、河庄坪油田、青平川油田、瓦窑堡油田等中小型油田（或含油地区），以及中国石化华北油气分公司的宁东油田等中小型油田（或含油地区）。该区石油资源连片成藏，储量大，资源丰富，截至2015年年底，累计探明储量 52.2×10^{8}t，叠合含油面积 9689.3km^2。

该区域也是盆地主要的天然气田勘查领域。下古生界既有马家沟组风化壳储层，又有马四组白云岩储层，属于下古生界平凉组烃源岩天然气运移、聚集、成藏的有利区，因此，下古生界天然气勘探工作不容忽视。上古生界的天然气勘探在该区虽然未获突破，但其具有较好的天然气成藏条件，生烃强度较大的煤系地层在该区广泛分布，来自南部和西南部的上古生界三角洲砂体（山西组、石盒子组、石千峰组）分布广、厚度大，物性与北部地区相比差别不大，是上古生界天然气勘探的重要战略阵地。古生界天然气储层埋深2000~4000m，潜在天然气储量规模大，目前处于区块优选与评价钻探阶段。

5）西南缘大型油田－中型煤田－潜在气田－小型铀矿勘查区域

该区域跨越天环坳陷南部、伊陕斜坡南部和渭北隆起东部，经历了石炭纪－二叠纪浅海、陆棚，晚三叠世三角洲、湖泊，以及侏罗纪三角洲开阔湖沉积。石炭系－二叠系天然气、三叠系石油、侏罗系煤层和铀矿资源均有分布。该区域大致分布于安塞－黄陵一线的西南区域，包含地方政府的中型煤矿区和中国石油、中国石化主力产油区，以及天然气勘查区和小型铀矿点集中发育区（图3-20）。

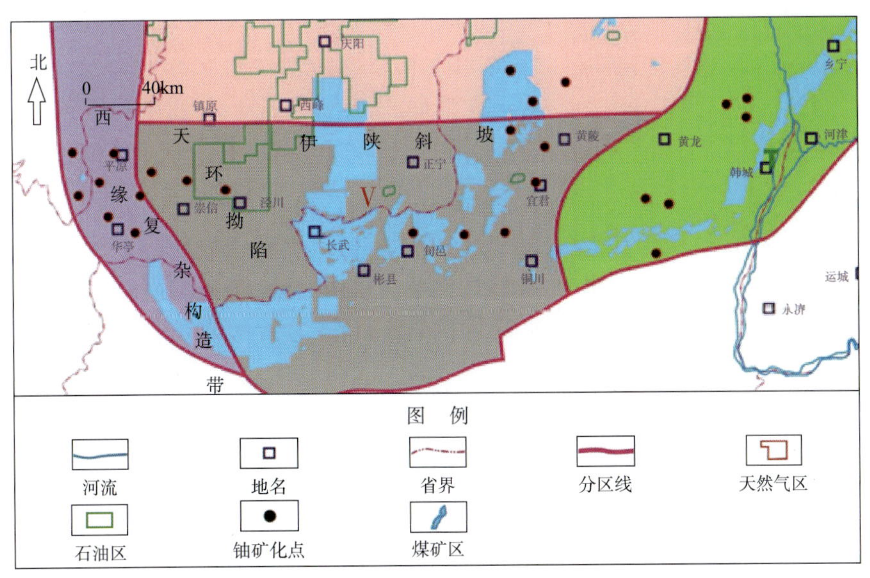

图3-20 鄂尔多斯盆地西南缘共生能源矿产组合图

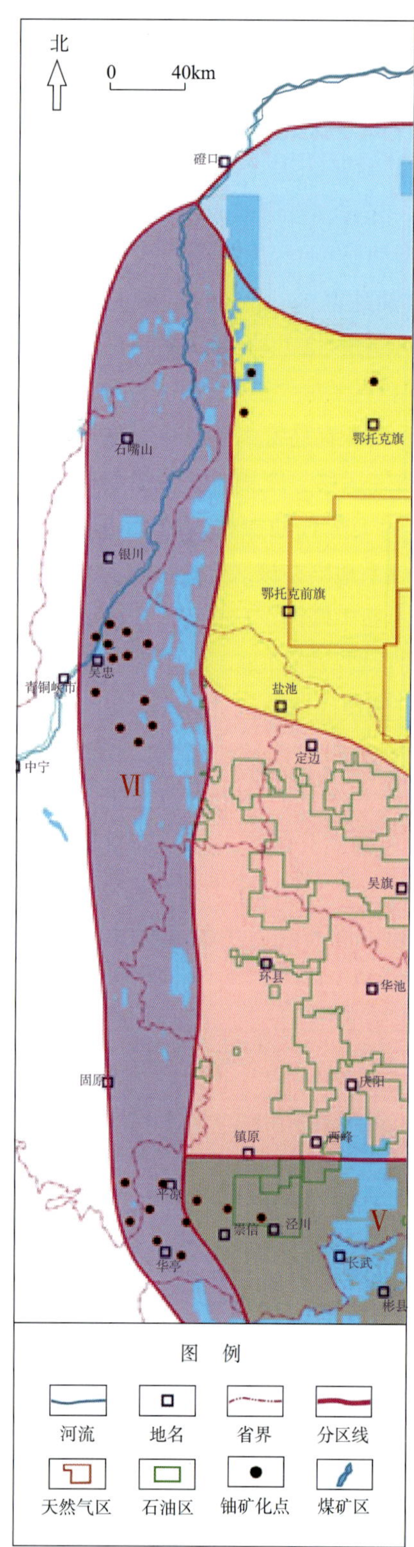

图 3-21 鄂尔多斯盆地西缘共生能源矿产组合图

鄂尔多斯盆地西南缘煤炭发育，主要分布在彬长煤矿区、黄陵煤矿区，以及环县－庆阳预测有利区块的南部，煤层集中分布在延安组，埋深300~1800m，为中等丰度的中型规模煤田。彬长煤矿区、黄陵煤矿区的延安组下段含煤，其中，5^2号煤层全区稳定可采，4^2号煤层局部可采。煤层厚度最大为30m。目前已发现并探明了彬长煤矿，面积为1178.5km^2，资源丰度为737×10^4t/km^2，探明储量86.94×10^8t，主采煤层为延安组下段的4^2号煤层和5^2号煤层。在环县－庆阳预测有利区块的南部，延安组中下段含煤，可采层数少，资源丰度较北部低。2000m以浅煤炭分布面积为12910km^2，资源规模590×10^8t，已经取得矿权面积4200km^2，查明资源150×10^8t。

该区域是盆地主要的油田发育区之一，目前已发现了中国石油长庆油田的西峰油田和中国石化华北油气分公司的红河油田两个亿吨级油田，以及泾河油田、渭北油田等中小型油田，主力储层为三叠系延长组，埋深500~3000m。该区延长组发育受东北向物源控制的曲流河三角洲沉积和西南向物源控制的辫状河三角洲、浊积体沉积，在三角洲前缘水下分流河道和河口坝砂体处形成了有利的储集砂体，与西南部浊积砂体一起构成延长组油气储层。截至2015年年底，累计提交探明储量2.5×10^8t，叠合含油面积663.95km^2，含油小范围连片，潜在储量规模较大。该区域也是盆地主要的天然气勘查区，发现了富县、镇泾等潜在天然气富集区，上古生界天然气层埋深2500~5000m，下古生界天然气层埋深3000~6000m，潜在天然气储量规模大，目前尚处于区块优选与评价钻探阶段。

6）西缘小型铀矿－较大型煤田－潜在煤层气田勘查区域

该区域位于盆地西缘复杂构造带，呈南北条带状展布，大致分布于乌海－平凉－华亭一带，主要能源矿产包括铀、煤炭和煤层气（图 3-21）。

该区铀矿资源主要分布在直罗组，因距氧化还原过渡带较远，铀成矿期短，分布零星，主要有惠安堡铀矿点、国家湾铀矿点等。

该区煤炭富集层位为石炭系太原组、二叠系山西组和侏罗系延安组，主要发育泥炭沼泽体系的上古生界煤层和滨湖三角洲、河流冲积平原沉积为主的延安组煤层，煤层演化程度高。2000m以浅煤炭分布面积为7665km^2，资源规模为1355×10^{8}t，已经取得矿权面积3500km^2。

煤层气主要分布在太原组和山西组，上古生界煤层经历了较强的热演化，中－高变质程度，再经后期抬升，煤层埋深适中，贺兰山复向斜苏峪口以北地区、横山堡冲断带色伦卡得庙以南地区、马家滩－甜水堡的烟墩山和石沟驿逆冲席及华亭逆冲块地区有望形成中小型煤层气田。

第3节　共生矿产组合分布的形成条件

1. 多种能源矿产共生富集的控制因素

1）稳定的盆地构造演化有利于多种能源矿产共生发育

（1）中晚三叠世以来盆地发育的主要阶段。

鄂尔多斯盆地叠加在早、晚古生代大型盆地之上，属于多重叠合型盆地。

通过分析盆地及周缘地区主要地质构造特征和地质事件后认为，在盆地发育时期（T_2~K_1）至少发生了4期明显的构造变动，将盆地的沉积－演化过程划分为4个阶段。

中晚三叠世和早中侏罗世富县期－延安期为盆地发育的两个鼎盛阶段，广泛接受沉积，湖盆宽阔，沉积范围为今残留盆地面积的两倍多，形成了重要的含油和成煤岩系。这两个阶段被其间发生的区域抬升变动（J_1）所分隔。抬升导致沉积间断，延长组顶部遭受强烈而不均匀的侵蚀下切，形成起伏较大的侵蚀地貌。延安期末盆地抬升变动不强烈，沉积间断和剥蚀持续时间短。随后又复沉降，进入盆地发育的第三阶段。

中侏罗世直罗期－安定期。该期沉积范围仍较广阔，但湖区面积明显减小。晚侏罗世构造变动强烈，在盆地西缘形成逆冲－推覆构造带，在其东侧前缘局限堆积厚度不等的砾岩，盆地中东部地区遭受剥蚀改造，今黄河以西地区初显东隆西坳格局。

在早白垩世阶段，沉积分布仍较广阔，不整合超覆在前期西缘冲断带和南、北边部隆起之上。

在盆地演化的前3个阶段，沉积中心均分布在延安附近及其以东地区，而堆积中心则位于邻近物源的盆地西部，且不同阶段具体位置不同；直到早白垩世，盆地的沉积中心和堆积中心的分布位置才大体一致，主要位于盆地西部的中南段。早白垩世末，鄂尔多斯盆地整体抬升，大型盆地消亡，盆地开始进入后期改造时期。

（2）晚白垩世以来盆地发生的重要地质事件。

在晚白垩世以来的盆地后期改造时期，鄂尔多斯盆地主要发生了以下重要地质事件：①盆地主体持续发生幕式、差异性整体抬升和强烈而不均匀的剥蚀，东部黄河附近被剥蚀的中生界厚度最大可达2000m；②盆地本部长期发生幕式整体差异抬升和剥蚀，形成3期区域侵蚀－夷平面（E_2^3~E_2^1、E_3^2和N_1^2）；③地块边部裂陷，周缘断陷盆地相继形成，接受巨厚沉积；④持续达2亿多年的东隆西降运动于中新世晚期反转易位，东部开始沉降，广泛接受红黏土沉积，六盘山地块西缘和西部相继隆升，说明中国西部区域构造运动对该区的影响更为重要；⑤分别在8Ma前和2.5Ma前，风成红黏土、黄土开始广泛堆积，先后形成红土准高原和黄土高原及黄土高原面；⑥黄河水系的发育、外流和侵蚀地貌形成。根据各主要地质事件的发生和动力学环境的演变，可将该区晚白垩世以来划分为5个演化阶段（K_2~E_1、E_{2-3}、N_1^{1-2}、N_1^3~N_2、Q）。这些地质事件的发生和构造变动，与周邻各构造区域，特别是中国东、西部（含青藏高原）重大构造运动的复合、叠加及彼此消长变化密切相关，使中生代鄂尔多斯盆地的原始面貌大为改变。

鄂尔多斯盆地多种能源矿产生成、成藏（矿）和定位的主要期次，与盆地中新生代演化和改造的阶段有明显的联系和密切的耦合关系。盆地演化末（晚）期及之后的整体差异隆升和区域剥蚀，对鄂尔多斯盆地多种能源矿产的成藏（矿）、分布及其相互作用的影响最为重要。

2）沉积环境控制为多种能源矿产共生富集创造了有利条件

（1）晚古生代沉积对能源共存富集的控制。

晚加里东运动后，鄂尔多斯地块发生区域沉降，进入海陆过渡发展阶段。鄂尔多斯盆地经历了由潟湖、障壁、潮坪、三角洲发育的陆表海盆地到河流、三角洲发育的内陆湖盆的发展演变，沉积物则由碳酸盐、陆源碎屑、泥炭的间互沉积转变为纯的陆源碎屑沉积。

鄂尔多斯盆地石炭纪－二叠纪特殊的沉积环境，形成了以煤炭为主的能源矿产。含煤地层既是上、下古生界天然气的主力烃源岩，又是上古生界煤层气的主力储层，为油气提供了非常有利的生储盖空间配置体系，使之在纵向上呈现下煤上气的能源共存组合形式。

石炭系－二叠系煤系烃源岩主要以煤层、暗色泥岩、炭质泥岩及生物碎屑灰岩为主。除煤层以外，泥岩和碳酸盐岩的分布严格受沉积环境的控制。对于泥岩，有利的沉积相为冲积体系中的扇中相、扇缘相，海湾－潟湖沉积体系中的潮坪相、砂岭间洼地相，三角洲沉积体系中的三角洲平原相、前三角洲相，河流沉积体系中的平原沼泽相、洪泛盆地相，以及湖泊沉积体系。其形成环境多样，在盆地中的分布范围十分广泛。碳酸盐岩源岩的分布主要受晚石炭世形成的滨浅海碎屑岩－碳酸盐岩沉积体系控制。由泥炭沼泽体系形成的本溪期末和山西期早期的炭质泥岩和煤层为古生界奥陶系风化壳气藏和二叠系各种气藏的形成奠定了物质基础。

自晚石炭世开始，海水从东、西两翼向中央古隆起带漫侵，形成了滨海砂坝、潮道砂坝、扇三角洲及浅水三角洲砂体。早二叠世，在北高南低的陆相沉积背景下，发育了河流、湖泊三角洲、湖泊及冲积扇等，形成了鄂尔多斯盆地古生界煤层气的储集体。上石盒子组的三角洲砂体，太原组的潮坪砂坝、障壁砂坝及碳酸盐岩也是良好的储集体。

在鄂尔多斯盆地上石盒子组发育的大套滨浅湖泥质岩，具有分布广泛、封盖能力强、横向连续性好和累计厚度大等特点，是一套较好的区域盖层。山西组、太原组和下石盒子组内部广泛发育的三角洲平原分流间洼地相、沼泽相泥岩，也具有横向封盖能力。

（2）中生代沉积对能源共存富集的控制。

中生代是鄂尔多斯盆地的重要成煤、生油气地质时代，特别是晚三叠世，较快的地壳增生率、缺氧的还原环境和基底断裂的活化均为油气生成、运移与富集创造了良好的地球动力学背景。三叠纪盆地处于坳陷期，形成湖泊碎屑岩沉积，发育生油层，尤其是晚三叠世延长期，是鄂尔多斯盆地最为重要的地质构造发育阶段之一，亦是成油体系极为重要的发育时期之一，是鄂尔多斯盆地各油田最重要的烃源岩层位。侏罗纪则是主要的成煤时期，经过早期的充填沉积后转变为广覆型补偿沉积，沉积变慢，煤层十分发育，因此，侏罗纪是鄂尔多斯盆地煤层发育的最佳地质时期之一。三叠纪末期发生的印支运动，在三叠系顶部形成长期、广泛、明显的侵蚀地貌，对其上的侏罗系下部成油组合（延9段、延10段）及其下的三叠系上部成油组合（长1段、长2段）分布起着决定性作用。

有机质的丰度及分布与晚三叠世延长期盆地的兴衰演化、沉积环境及其沉积相密切相关；储层的分布及性能明显受控于沉积体系，由于沉积体系控制着砂体的空间展布，所以有利的沉积体系常发育有利的储集类型。延长组盆地东北缓坡区以三角洲沉积体系为主，其三角洲平原分流河道砂体和三角洲前缘朵状砂体，储集性能最好；富煤中心主要分布在三角洲平原区和冲积体系上游支流间的平原区，曲流河的洪泛平原较少，湖泊分布区则基本不含可采煤层。

3）盆地热演化史对共生矿产富集的影响

鄂尔多斯盆地构造热演化史（特别是中生代构造热事件）对油气、煤炭、铀的形成、演化、成藏（矿）有重要的控制作用。

（1）热演化史与油气、煤炭的关系。

从鄂尔多斯盆地热演化史与油气的关系来看，无论是下古生界烃源岩还是上古生界烃源岩，地层经历的最高古地温都是在早白垩世达到的，天然气大规模生成期均在中生代晚期的早白垩世，三叠系延长组的主要生油期也是在早白垩世。

对于石炭系－二叠系、三叠系及侏罗系的煤化过程而言，其煤化作用主要发生在晚侏罗世－早白垩世，煤炭的最高热演化程度是在早白垩世达到的。煤炭的最高热演化程度形成时期与油气生成高峰期和成藏期基本一致。

中生代晚期的构造热事件加速了有机质的热解过程，使盆地古生界碳酸盐岩及煤系地层在中生代晚期大量生成天然气并发生运移和聚集。鄂尔多斯盆地在新生代以来快速抬升冷却，地温梯度减小且地层地温降低，有助于天然气溶出成藏，油气生成过程明显减缓或停止。

（2）热演化史与铀、金属矿床的关系。

中生代构造热事件对铀、金属矿床的形成也有重要的控制作用。中生代晚期的构造热事件发生时是热流体活动的时期，也是铀矿重要的成矿时期。砂岩铀矿与油气藏都为流体成因矿产，因而成藏成矿期会受到盆地构造－热演化史的控制。鄂尔多斯盆地中生代晚期构造热事件发生时期，构造断裂活动。鄂尔多斯盆地北部东胜地区砂岩型铀矿层间氧化带的发育期和成矿期自中侏罗世晚期至始新世末，持续时间达115Ma，铀矿主成矿时间为（107±14）Ma前，属于早白垩世晚期，与中生代晚期构造热事件发生的时期一致。

中生代晚期构造热事件发生时，热流体沿奥陶系顶面活动强烈，沿奥陶系顶面成矿。在盆地周缘及盆地内部的一些特殊构造部位或层位，发生了热液矿化及动力变质现象，这些热液矿化及热动力变质现象本身就体现了热流体的活动，是热事件存在的证据。

现今研究结果认为，东胜地区侏罗系直罗组砂岩铀矿的形成不是偶然的，砂岩铀矿的形成与天然气有着密切关系。天然气不断向东胜地区运移，起到了还原剂的作用。但是从热演化程度来看，伊盟隆起石炭系－二叠系热演化程度较低，天然气不可能来自伊盟隆起本身，大规模的天然气可能来自伊盟隆起南部更深、更远的榆林－乌审旗－乌审召一带。

2. 盆地不同区域优势共生矿产组合的形成条件

1）北缘大型煤田－铀矿－气田组合的形成条件

（1）充足的陆源物质供给。

盆地北缘持续发育的大型古陆隆起（图3–22），是该区碎屑主要的供给来源。

①上古生界岩屑与物源。

上古生界岩屑砂岩类型中岩屑的类型有侵入岩、喷出岩的岩浆岩岩屑，片岩、千枚岩、板岩、变质石英岩、变质砂岩等的变质岩岩屑，以及砂岩、泥岩、灰岩及白云岩的沉积岩岩屑。

砂岩类型及成分的变化、重矿物组合类型分布、砂体展布、古地理格局及古流向等特征反映出陆源碎屑沉积物多物源供给的特征。晚古生代盆地周缘古陆是物源的主要来源区，陆源碎屑物质主要来自北部阴山古陆及西北缘阿拉善古陆，南部的祁连－秦岭古陆及西南部的六盘山古陆。整个盆地山西组和下石盒子组砂岩岩屑类型分区与重矿物组合类型分区之间具有较好的相似性和继承性，同时与砂体展布和古流向具有很好的一致性。整个盆地在早、晚二叠世可以分为5个沉积体系：①神木－绥德三角洲沉积体系；②乌审旗－靖边三角洲沉积体系；③乌海－银川三角洲沉积体系；④平凉－环县三角洲沉积体系；⑤铜川－韩城三角洲沉积体系。此外，还有2~3个小的湖泊三角洲沉积体系。

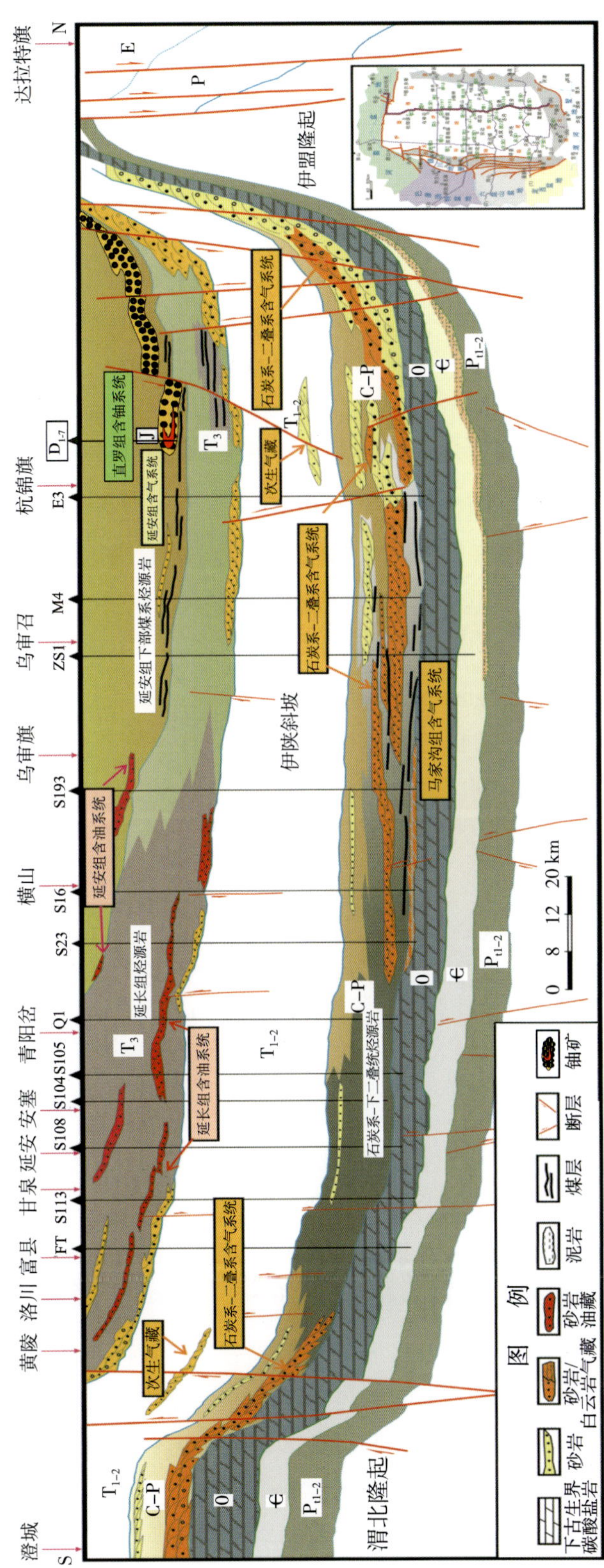

图 3-22 鄂尔多斯盆地共生能源矿产分布模式图

②直罗组铀矿物源。

盆地北缘大青山蚀源区发育的大型造山带，为盆地提供了丰富的碎屑物质和富含稀有金属、稀土元素及放射性元素的成矿流体，既为形成富含稀土及稀有金属的地浸型砂岩铀矿奠定了基础，也为形成石炭系－二叠系及三叠系－侏罗系陆源碎屑砂体提供了充足的物源供给。

（2）稳定宽缓且持续发育的大型斜坡背景。

晚古生代盆地原型发育过程中，伊盟隆起始终处于克拉通坳陷的北部较高部位，是继承前期古构造格局基础上的进一步发展，广泛发育滨海、海陆交互相环境。印支期后，燕山期构造活动等突出而强烈，造成了晚三叠世类前陆盆，早、中侏罗世及晚侏罗世－早白垩世时期沉降和沉积中心不断向北、向西迁移，盆地规模也逐渐衰减，为侏罗系煤层建造沉积创造了条件。

①发育上古天然气良好的运聚体系。

晚古生代沉积期间，北缘地区处于滨海边缘、海陆交互、湖盆边缘地带，广泛发育河流砂体、扇三角洲砂体、潮坪砂体等多种成因类型砂体。3 个砂岩发育带，分别是杭锦旗地区、伊陕斜坡东段及天环坳陷（布伦庙隆起一带），累计厚度均在百米以上，且分布面积很大，为大中型圈闭的形成提供了广阔的空间。

②斜坡背景为天然气运移提供了主要动力。

晚古生代盆地北部发育广阔的滨海、沼泽煤系及网状河流相砂泥岩、干旱湖泊泥岩层序，形成了一个完整的区域生储盖组合（或称为一个含气系统）。

上古生界生气中心位于乌审旗一带，南至北纬 37°，北达北纬 39° 以北，面积巨大。该区域处于生气中心的北部边缘地带，生气强度小于 $10 \times 10^8 m^3/km^2$，绝大部分区域因地层埋深较浅而缺乏生气能力，因此，杭锦旗等北缘地区丰富的天然气主要来自南部生烃中心，运移动力来自稳定宽缓且持续发育的北部大型斜坡。

③发育延安组优质煤体系。

该区处于北部宽缓斜坡盆缘隆升区和盆心沉降区的转折部位，对延安组煤层的平面分布形态控制作用明显。盆地北缘发育继承性宽缓斜坡，在侏罗纪的温润气候条件下发育规模巨大的三角洲平原，形成大规模的湖沼相成煤环境，发育了延续时间长、成煤期次多、成煤规模大的特大型侏罗系煤田。东胜－杭锦旗地区煤矿的延安组 5 组煤层发育齐全，煤层平面分布广、厚度变化小。

④发育畅通的铀源运移通道。

该区直罗期在鄂尔多斯中生代盆地的演化史上处在一个相对平静阶段，在延安组沉积之后经历了缓慢抬升，古地形北高南低，直罗期沉积了一套由北向南的河流相粗碎屑岩系，在河流作用之初，局部地段形成深切沟谷，沉积了一套辫状砂体。在河流作用晚期，构造环境趋向稳定，河流下切作用微弱，形成了广泛的曲流河沉积。晚侏罗世，盆地再次抬升，同时继续保持北高南低的古地形格局，表现为块段整体抬升的陆内断块活动，构造活动相对较弱，褶皱构造不发育，保持了长期的相对稳定，地层产状倾角为1°~3°，且整体向西南缓倾。这一期断块活动直接导致该区地层的掀斜和直罗组辫状砂体的出露，也保持了该区水动力条件的长期稳定性，从而为后期铀的成矿提供了良好条件。

2）北部大型煤田－气田与零星铀矿组合的形成条件

（1）广泛分布的滨海－浅湖盆地环境。

在伊陕斜坡与天环坳陷处，处于石炭系－二叠系及侏罗系成煤期的滨海、浅湖盆地环境，沉积了厚度大、层数多、品质好的两套煤系地层。

侏罗系煤系地层埋深适中，储量丰富，煤岩品质好，具有很大的开发价值。

石炭系－二叠系煤系地层比较发育，埋深大，形成了很强的生气能力，生气强度大。乌审旗生气中心的面积约占伊陕斜坡北部面积的60%，生气强度为15×10^{8}~$36\times10^{8}m^{3}/km^{2}$，远大于盆地北缘区域。石炭系－二叠系发育大型海陆过渡相碎屑岩，储层发育，层数多，沉积相带好，还发育多套区域性封盖层，具有良好的封存条件。由于区域抬升形成的西倾大单斜与北部的大型南北向砂体配合，形成了大规模的岩性圈闭，蕴藏了大规模的上古生界天然气资源。

（2）远离铀源的交换环境。

该区离铀矿的流体来源较远，加上距离有利的地浸型铀矿的氧化－还原过渡带较远。因此，铀矿成矿期较短，分布零星。

3）东缘大型煤田－较大型煤层气田－小型气田组合的形成条件

（1）煤级较高、埋深较浅的上古生界煤层富集。

该区处于鄂尔多斯盆地东部，燕山－喜山期的强烈抬升使该区三叠系－侏罗系剥蚀殆尽。鄂尔多斯盆地东部上古生界石炭系－二叠系煤系地层十分发育，煤层层数多，分布较稳定，煤层集中发育在太原组和山西组。

太原组的煤属于海陆交互相沉积环境，为潮坪及三角洲沉积体系，发育煤层4~8层，主要可采煤层2~4层，可采煤层总厚度为3~40m。山西组的煤以陆相、海陆过渡相沉积为主，主要是浅水三角洲、潟湖－海湾沉积体系，发育煤层3~9层，主要可采煤层1~3层，可采煤层总厚度为4~15m。主力煤层的煤岩变质程度具有自北向南、自东向西逐渐增高的特点，且主力煤层大部分的煤质、煤体结构较好。宏观煤岩煤质以半暗煤、半亮煤为主，暗煤次之。煤体结构以块煤为主，碎块煤次之，粉煤较少。埋藏深度适中（500~1500m）。因此，该区是煤层开发比较理想的地区。

（2）煤层气资源丰富，开发条件良好。

鄂尔多斯盆地东缘一直是煤层气勘探的活跃区。煤田累计钻孔千余个，煤层气钻井百余口，中联煤、中国石油、中国石化等均开展过煤层气试采工作。

①主力气源煤层分布特征。

该区可供煤层气勘探的主力煤层有2~3层，主力煤层厚度较大，分布较稳定，总体呈现北厚南薄的趋势，北部的准格尔地区主力煤层累计厚度一般为10~40m，保德地区一般为 10~25m，向南到石楼地区煤层厚度减薄为 4~8m，再向南到大宁吉县地区煤层又有增厚的趋势，主力煤层累计厚度为 5~16m，南部韩城区块主力煤层累计厚度为 3~14m。煤层埋藏深度从东到西由浅变深，主力煤层埋深大多浅于 1500m，有利于煤层气的勘探开发。

②煤层热变程度。

主力煤层的煤岩变质程度具有自北向南、自东向西逐渐增高的特点，煤级主要从长焰煤、气煤、肥煤、焦煤、瘦煤到贫煤。北部的准格尔地区主力煤层的煤镜质体反射率为 0.5%~0.6%，主要为长焰煤；保德井区主力煤层的煤镜质体反射率为 0.8% 左右，主要为气煤；三交井区主力煤层的煤镜质体反射率为 1.2% 左右，主要是肥煤；中南部临汾区块煤级较丰富，主力煤层的镜质体反射率为 1.2%~2.2%；南部韩城地区主力煤层镜质体反射率为 1.7%~2.2%，为瘦煤和贫煤。

因此，从主力煤层的镜质体反射率来看，鄂尔多斯盆地东缘主要是中煤阶分布范围，是实施中煤级煤层气大井组勘探的理想区域。

③煤层气含量。

该区主力煤层含气性较好，部分地区主力煤层具有中、高含气量的特点。主力煤层气含量为 4~20.87m^3/t，无论是山西组还是太原组，煤层气含量总体上都呈现由东向西逐渐增大的趋势；纵向上，含气量随埋深的增加而增大。

初步估算，鄂尔多斯盆地东缘蕴藏着丰富的煤层气资源，预测 1500m 以浅煤层气地质资源量约 $9\times10^{12}m^3$，是开发利用煤层气最有利和最现实的区域。

④区域构造与裂缝发育特征。

该区域总体为一向西、向西北缓倾的大型单斜构造，单斜背景上发育轻微的北东向或北北东向褶皱，断层发育相对较少且规模较小，向南在澄城 – 合阳一带地层整体向北倾，地层倾角一般为 3°~10°。同时，由于该区处于盆地边缘，其构造变形强于盆地腹部，使得盆地东缘局部地区（如石楼南、薛峰、铜川等地）大中型断层和断层伴生的局部构造较发育，致使区内大部分主力煤层的裂隙比较发育，从而较好地改善了该区煤层的渗透性，有利于气体的渗流。

北部的保德井区煤储层渗透率高，主力煤层的储层渗透率为 0.3×10^{-3}~$12\times10^{-3}\mu m^2$，一般为 2.5×10^{-3}~$8\times10^{-3}\mu m^2$；临汾区块两套主煤层的渗透率为 0.04×10^{-3}~$42.86\times10^{-3}\mu m^2$；韩城井区主力煤层的渗透率为 0.22×10^{-3}~$3.50\times10^{-3}\mu m^2$。

（3）小型复合的上古生界构造 – 岩性圈闭发育。

该区处于华北海西海岸、滨海、浅海沼泽环境，生物繁茂、有机质丰富，长期稳定下沉，使得中石炭统 – 下二叠统煤系地层发育，煤系地层中暗色泥岩较厚，分布广且稳定，经历过较高热演化后，具有了丰富的生烃能力。

处于海陆交互过渡相的本溪组 – 太原组的滩、坝石英砂岩，其分选性、磨圆度、孔隙度、渗透性均较好，柳林以北的成家庄剖面渗透率可达 200×10^{-3}~$300\times10^{-3}\mu m^2$。山西组三角洲发育，形成了该区的主要储层，渗透率一般为 5×10^{-3}~$10\times10^{-3}\mu m^2$，下石盒子组河道砂岩亦是重要储层之一，渗透率一般为 $1\times10^{-3}\mu m^2$。上石盒子组－石千峰组中 200~300m 厚的湖相泥岩是很好的盖层，柔性较大，封盖能力强。

该区上古生界地层沉积后，稳定下沉，煤化作用不断加深，使生成的煤层气得以保存。盆地东缘，除离石大断裂边界区外，基本由大型挠曲、鼻状隆起和背斜带所组成。吴堡、成家庄以北以挠曲为主，吴堡至柳林一带为一大型鼻隆，其南侧则以背斜带为主，自北向南已发现石楼构造带、朱家峪构造带、古骚构造带 3 排构造带，构造带内很少发育断裂，说明保存条件较好。

该区石炭系－二叠系煤层及煤层气均具有良好的开发前景，石炭系－二叠系小型天然气田的勘探开发甚至可以在煤层气勘探开发过程中兼顾。

4）南部大型油田－小型煤田－潜在气田组合的形成条件

（1）延长组优质烃源岩与大型三角洲砂体的良好配置。

中生界延长组、侏罗系油田处于三叠系延长组主力烃源岩分布的中心区域，烃源岩品质好、厚度大、生烃强度大，加之延长组沉积期发育的曲流河三角洲是良好的储集体，从而形成了一大批大型－特大型岩性低渗透油田。

曲流河三角洲成藏模式是受区域性湖进、湖退作用影响而在三角洲前缘亚相形成的“下生上储”型成藏组合。其下伏的长 7 期发育的深湖相暗色泥页岩是该模式的主力烃源岩，储层则是长 6 期盆地三角洲建造最为发育时期沉积形成的砂岩储集体。自长 6_2 期至长 6_1 期，湖岸线持续向湖盆中心收缩，其间发育曲流河三角洲前缘分流河道砂体，由于地形较为平缓，河道横向摆动频繁，导致沉积砂体纵向上相互叠加，横向上复合连片，同时受湖浪的淘洗，砂岩分选较好，储层物性好。该类储集砂体不但在纵向上直接共生于烃源岩之上，而且在横向上呈指状、朵状展布的三角洲前缘砂体直接穿插于深湖相泥岩之中，构成了极佳的生储配置。长 4+5 期为新的一期湖进期，在长 6 期三角洲前缘砂体最为发育的区域沉积了呈互层状分布的长 4+5 期浅湖相薄层泥质粉砂岩、粉砂质泥岩，成为三角洲油藏较好的区域性盖层；而在长 6 期分流河道间湾及洼地发育的泥岩则构成了储集体上倾方向的有利遮挡条件，共生的储集砂体和微裂缝是油气纵向运移的重要通道，进而在三维空间上构成了长 6 期、长 4+5 期的有利储盖组合，从而使盆地该沉积体系（陕北地区）成为长 6 油藏的重要富集区。

（2）湖盆外缘的沉积环境与短暂的成煤阶段。

该区侏罗系煤层埋深较大，所处沉积相带成煤期短，成煤期次少，煤层厚度较大，品质较差，因此，煤田开发价值略低于其他区带。该区石炭系－二叠系煤层及煤层气较发育，但由于埋深较大，因而在当前经济与技术条件下无法开发。

（3）埋深较大、物性较差的天然气藏。

该区发育石炭系－二叠系天然气藏。石炭系－二叠系煤系较发育，具有较高的生烃潜力，且天然气藏条件较好，但处于北部石炭系－二叠系河流－三角洲沉积体系的三角洲前缘相带及三角洲平原区砂体相对不发育，加上石炭系－二叠系埋深较大，因此，石炭系－二叠系天然气藏的开发价值小于北部的大气田。

5）西南缘大型油田－中型煤田－潜在气田－小型铀矿组合的形成条件

（1）延长组泥质烃源岩与大型三角洲砂体的良好配置。

该区处于三叠系延长组主力烃源岩分布区域，大范围分布油田，储量规模比较大。但烃源岩厚度及品质比北部差，南部的延长组三角洲规模小且砂岩成分及结构成熟度低，储层物性较差，开发效果也比北部稍差。

西南缘辫状河三角洲成藏模式为典型的“上生下储”型成藏组合。主力烃源岩为长7期深湖相暗色泥岩。在垂向上，长8油层组与长7油层组存在明显的过剩压力差，具备油气向下运移的动力条件；在横向上，高势区与低势区过剩压力差约为30MPa，具有足够的油气运聚动力。储层是长8期湖盆发展演化阶段在盆地西南部相对陡坡地形上沉积形成的辫状河三角洲砂岩储集体，主要为水下分流河道和河口坝沉积，在平面上呈带状展布，横向宽3~10km，砂层厚5~20m，沉积颗粒相对较粗，分选较好，原生粒间孔较为发育，具备较好的储集条件。长8期储集砂体不但在纵向上与上覆的烃源岩直接接触，而且横向上又与长8油层组自身的烃源岩交互接触，与烃源岩的这种直接接触关系，是有利的生储配置。长7期深湖相泥岩不但为长8期油藏的形成提供了充足的烃源，而且对油气在长8油层组中的聚集成藏起到了有利的封盖作用。与此同时，呈北东－南西向展布的分流河道间湾相泥岩为区域西倾背景上的油藏上倾方向提供了有利的遮挡条件，从而构成了较为有利的储盖配置关系。

（2）广泛分布的滨海、浅湖成煤环境。

延安组沉积之后，该区因受燕山期和喜山期构造的改造，使本来为统一整体的含煤地层（尤其是其东部、南部和西部地层）均被抬升剥蚀。

第一亚期，由湖相、沼泽、泥炭沼泽、浅湖环境组成，泥炭沼泽均发育在古河道两侧的洪泛盆地中，中心区作用时间长，煤层最厚，并向四周逐渐起伏变薄。

第二亚期，在填平补齐的沉积之后，随着湖水向北向东退缩，碎屑物的堆积加快，并快速地向湖心推进，形成了广泛分布的网状河流和三角洲体系，湖相体系退缩，其沉积环境复杂且变化大，不利于泥炭的发育，成煤时间短，煤层数增多，厚度变薄，结构复杂，煤质和稳定性较差。

第三、第四亚期，主要堆积了一套灰色、紫红色和杂色砂泥岩系，几乎不含煤，且植物化石稀少（说明该区当时已变得干热），但在店头矿区北部仍为浅湖相沉积。

（3）次级物源分布的石炭系－二叠系储层。

部分区域发育石炭系－二叠系气藏，该区石炭系－二叠系煤系地层发育，加之分布石炭系－二叠系的南部次级物源，因而形成了一批中小型石炭系－二叠系气藏，但气藏埋藏深，储层厚度薄、物性差，因此开发价值较小。

（4）零星分布的小型铀矿。

该区发育小型石炭系－二叠系气藏，有周围边缘山系的铀源供给，配套以构造的隆升与断块破碎，局部地区发育冷、热流体的对流置换，形成了零星小规模铀矿床。

该区的侏罗系煤田、侏罗系–三叠系油田、石炭系–二叠系气田、小型铀矿都有开发价值，但都并非盆地内开发价值最好的区域。但该区下古生界的成藏组合可能是全盆地最有利的类型，有待进一步勘探。

6）西缘小型油田–潜在气田–小型铀矿组合的形成条件

鄂尔多斯盆地西缘北起内蒙古磴口，南达陕西陇县，东至平凉–马家滩一线，西抵石嘴山–青铜峡–固原一带，南北长600km，东西宽50km，面积约30000km^2。该区带位于中国东部构造域和西部构造域的交接部位，基于华北板块内部裂谷之上，属于沉降快、地质构造相对活动的区带。其北端为河套盆地和伊盟隆起，南端与渭北隆起相接，西邻银川盆地和六盘山盆地，东部为鄂尔多斯盆地的天环坳陷。

鄂尔多斯盆地西缘自南向北有16条切穿基底的深大断裂，其中，11条为断面西倾东冲的逆冲断层，断面上陡下缓，沿石炭系–二叠系煤层形成大型滑脱面，推移距离在马家滩一带可达40km，向北、向南逐渐减小，一般在5~20km之间。尽管西缘南、北部不同构造部位剖面结构变化很大、特征各异，但从宏观上看，西缘逆冲断裂带主体是由推覆体系、前缘带及前缘外带组成的比较完整的逆冲断裂构造体系。

（1）3套生储盖油气组合。

与鄂尔多斯盆地内部一样，生储盖组合主要具有下古生界、上古生界及中生界三大构造层，组成了上、中、下3套生储盖组合。其中，中、下部组合主要分布在盆地的北部，是寻找天然气的有利地区；上部组合主要分布在盆地南部，是石油勘探的主要目的层。只有鄂尔多斯盆地西缘南部地区，地层发育齐全，深浅层构造成排成带，是勘探上、中、下3套生储盖组合极其有利的地区。

（2）构造演化对铀成矿的控制。

盆地构造演化对砂岩型铀矿形成具有重要的控制作用。鄂尔多斯盆地西缘7个阶段构造演化过程既形成了铀成矿的有利条件，也产生了不利因素。

构造演化控制了盆地的铀源——多期构造挤压有利于盆地基底富铀岩石抬升出露，为盆地提供铀源。其中，晚三叠世的强烈挤压使盆地西北侧阿拉善地区隆升为物源区，基底富铀岩石被剥出地表，为盆地提供碎屑物质和铀源；延安组沉积时期构造挤压导致基底抬升，不但造成了直罗组和延安组的平行不整合，也使基底富铀岩石进一步出露；晚侏罗世的强烈挤压使盆地西缘强烈造山，阿拉善地区进一步隆升，银川古隆起抬升剥蚀，富铀岩石大面积剥出地表，为盆地提供铀源。

构造演化控制了含矿建造的发育。中侏罗世，鄂尔多斯盆地西缘处于弱挤压构造环境之下，古气候潮湿，辫状河发育。砂体具有一定的规模，并发育顶、底部隔水层，富含有机质和黄铁矿。尤其直罗组沉积早期盆地西缘物源供应充足，其沉积速率大于盆地沉降速率，辫状河道侧向迁移频繁，形成了泛连通的直罗组下段砂体；晚期沉积降慢，发育曲流河泥质为主的沉积。延安组顶部的泥岩或煤层、直罗组下段砂体和直罗组上段泛滥平原泥岩组成良好的泥–砂–泥岩性组合，对层间氧化带砂岩型铀矿的形成十分有利。

构造演化控制了地下水的渗入改造。在构造演化过程中，鄂尔多斯盆地西缘经历了晚三叠世、晚侏罗世、晚白垩世－渐新世早期及第四纪 4 期构造抬升，伴随有 4 期地下水的渗入改造。其中，晚白垩世－渐新世早期构造抬升，使早期形成的背斜发生削顶并沿背斜顶部向两侧氧化，使中－下侏罗统长期遭受地下水的渗入改造，并发生铀的富集成矿。铀矿化的同位素年龄数据主要为 77Ma、59.6Ma、52Ma 和 21.9Ma，表明该阶段为盆地西缘铀矿的主要成矿期，其他构造抬升时间较短，对铀成矿的贡献不大。

第4章

油气勘探开发技术及环境保护

第1节 油气勘探开发常用工艺技术

石油天然气埋藏于地下，通常经过勘探开发并开发到地面上来后才可以被利用。石油天然气勘探开发流程一般包括：地质勘探、物探、钻井完井（录井）、测井、试油气、采油气、油气集输等。鄂尔多斯盆地油气资源十分丰富，但勘探开发对象是典型的低压、低渗、低产油气藏，由于储层物性差、油气藏隐蔽性强及地表条件复杂等客观因素的限制，勘探开发难度较大。为提高油气产量，鄂尔多斯盆地油气勘探开发大规模地使用了一系列针对低渗、超低渗油气藏开发特点的工程技术，常见的油气勘探开发技术（部分以大牛地气田为例）包括下述几个方面。

1. 石油物探

石油物探是指根据地下岩层物理性质的差异，通过物理量测量，对地质构造或岩层性质进行研究，以寻找石油和天然气的过程。常见的物探方法包括重力勘探、磁法勘探、电法勘探、地震勘探等。

1）重力勘探

重力勘探是根据地下岩层密度的差异，测量地球重力场的相对变化，了解地下地质构造的一种方法。重力勘探用于了解地壳深部结构和基底表面起伏，划分区域构造单元，也可用于了解沉积岩层内部构造，寻找可能的含油气构造。

2）磁法勘探

磁法勘探是根据地下岩石磁性的差异测量地磁场的相对变化，了解地质构造的一种方法。磁法勘探用于了解基底表面起伏，估计沉积岩层的厚度，划分区域构造单元。根据磁异常所计算出来的磁性体埋藏深度，可以了解基底表面起伏和基底内部结构，也可以反映沉积岩中的火成岩侵入或喷发的情况。

3）电法勘探

电法勘探是根据地下岩层的电阻率等电学性质及电化学性质的差异，了解地质构造和寻找油气藏的一种方法。电法勘探用于了解基底表面起伏，划分区域构造单元；在条件有利的地区，还可以反映沉积岩层内部构造；在适当条件下，也可以利用该技术寻找石油和天然气。

4）地震勘探

地震勘探是利用人工激发产生的地震波在弹性不同的地层内的传播规律来勘测地下地质情况的一种方法。地震波在地下传播的过程中，当地层岩石的弹性参数发生变化时，地震波场也会随之发生变化，并发生反射、折射和透射现象，通过人工接收变化后的地震波，经数据处理、解释后即可反演出地下地质结构及岩性，从而达到地质勘查的目的。目前，石油物探领域广泛采用地震勘探方法。地震勘探的物探工序主要包括测量、钻井、激发震源、接收地震波、分析数据等。

2. 钻井技术

钻井是一项系统工程，是多专业、多工种利用多种设备、工具、材料进行的联合作业，同时，它又是紧密衔接、环环相扣的连续作业，施工的全过程包含多项工艺技术。

1）钻井（钻进）技术

钻井（钻进）工程是利用钻机设备及破岩工具破碎地层形成井筒的工艺过程，工程上采用专用设备和技术，在预先选定的地表位置处，向下或向一侧钻出一定直径的孔眼，一直打到地下油气层。钻井工程的目的是进行地质评价、发现油气藏、开发油气藏。按照井眼轴线形状，井（图 4–1）可以分为直井和定向井两类。直井是指设计轨道是一条铅垂线的井，在直井的设计轨迹中，理论上轨迹上所有点的井斜角都为零。定向井可以分为一般定向井、水平井、丛式井等，定向井钻井是由特殊井下工具、测量仪器和工艺技术有效控制井眼轨迹，使钻头沿着特定方向钻达地下预定目标的钻井技术。

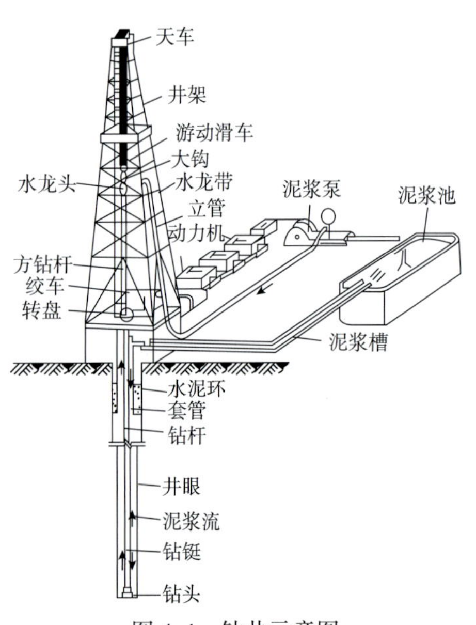

图 4–1 钻井示意图

大牛地气田是典型的低压致密气田，自 2012 年开始广泛采用水平井技术。关键钻井技术包括欠平衡钻井技术、钻井轨迹控制技术等。

（1）欠平衡钻井技术。

欠平衡钻井是指钻井过程中钻井液液柱压力低于地层孔隙压力，允许地层流体流入井眼、循环出地面并在地面得到有效控制的一种钻井方式。实现欠平衡钻井的主要方法包括自然法和人工诱导法。一般当地层压力系数大于 1.1 时可以采用自然法，使用常规钻井液，用降低钻井液密度来实现欠平衡钻井作业；当地层压力系数小于 1.1 时可以采用人工诱导法，此时，使用常规钻井液无法实现欠平衡钻井作业，必须采用充气等钻井作业，实现欠平衡钻井条件。欠平衡钻井井口装置除常规钻井井口装置外，还需增加特殊作业设备，用以承受和控制井底压力和地层孔隙压力产生的负压差，以及将井筒内返出的带压钻井液中的油气及固相分离，然后再重复使用。

（2）钻井轨迹控制技术（轨迹调整避开不稳定地层技术）。

为降低钻井工程风险，大牛地气田采用随钻测量控制技术，调整井眼轨迹避开泥岩、煤层，确保在砂岩内钻进，以保证水平段钻遇地层的稳定性，保持井壁稳定、安全钻进。其主要工艺包括：①井眼轨道设计优化，即充分利用单弯单稳钻具组合的复合钻进增斜特性，提高复合钻进的比例，缩短斜井段长度，有效降低摩阻，从而达到提高钻井效率的目的；②水平井直井段防斜打直技术，即在直井段钻井过程中，采取优化钻具组合、钻井参数等措施，并加强监测，每钻进200~300m测斜一次，计算井眼轨迹，一旦发现井斜超标，及时采取纠正措施；③造斜段井眼轨迹控制，即采用无线随钻测斜仪（MWD）和地质导向进行动态监控，通过分析监测数据，利用解析法井眼设计技术，增加着陆点的可控性；④水平段井眼轨迹控制，即在储层非均质性较强的油气田中，为满足地质要求，在水平井实施过程中常因储层变化导致井眼轨迹控制频繁调整，水平段采用动力钻具配合MWD、LWD、FEWD等随钻测量工具及时控制和调整井眼轨迹，从而保证水平井准确中靶。

2）完井技术

完井工程是使井眼与油气储层（产层、生产层）连通的工序，是衔接钻井工程和采油气工程的一项工程（图4–2），是包括从钻开油气层开始，到下生产套管、注水泥固井、射孔、下生产管柱、排液，直至投产的系统工程。大牛地气田具有低孔、低渗的特点，储层天然能量不足，部分井完钻后不能获得经济可采自然产能，所以应根据大牛地气田现有水平井钻井工艺、油藏特征、岩石力学性质、试采情况、气层保护措施、后期增产措施、经济效益分析等因素来选择最优完井方式，原则上以是否可以取得经济可采自然产能和井眼是否稳定为依据。目前，大牛地气田水平井共采用4种完井方式，分别为裸眼完井、筛管完井、尾管固井完井及割缝衬管完井。裸眼完井施工简单、成本低，但完井后井眼不稳定，后期作业不顺利，导致部分井无法进行后期改造。筛管完井可以避免井眼不稳定的安全隐患，能够满足自然建产、后期改造的需要，但筛管完井方式下，后期压裂工艺技术有待进一步优化。尾管固井完井可以避免井眼不稳定的隐患，满足后期改造需要，但长水平段尾管固井难度大，水泥浆会对地层造成二次伤害。割缝衬管完井是将割缝衬管悬挂在技术套管上，依靠悬挂封隔器封隔管外的环形空间。割缝衬管要加扶正器，以保证衬管在水平井眼中居中。割缝衬管完井主要用于不宜用套管射孔完井，又要防止裸眼完井时地层坍塌的情况，因为完井方式简单，既可以防止井塌，还可以将水平井段分成若干段进

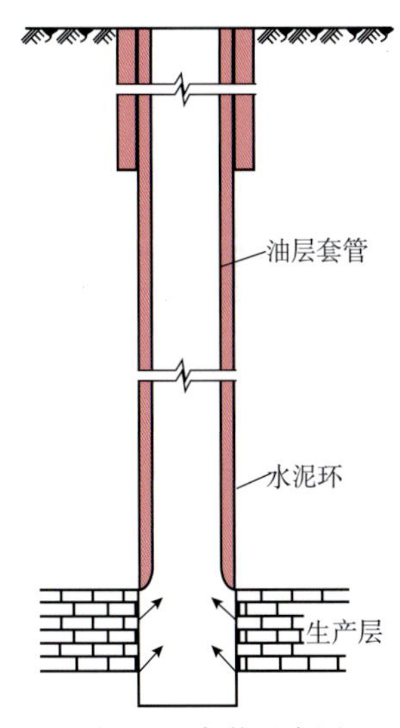

图4–2 完井示意图

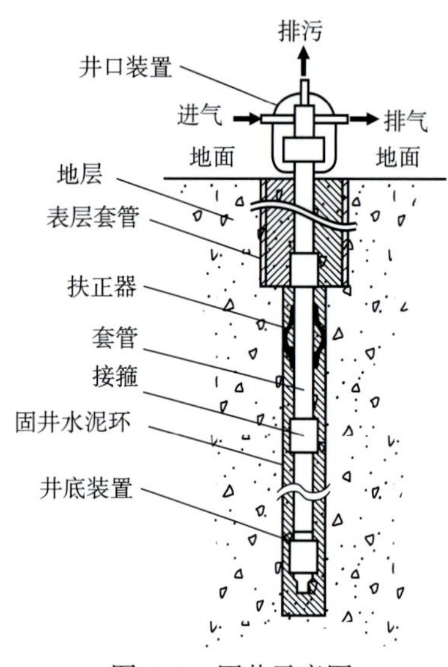

图 4-3　固井示意图

行小型措施，操作简单、成本低，当前水平井多采用此方式完井。

3）固井技术

固井工程是指向井内下入套管，并向井眼和套管之间的环形空间注入水泥的施工作业，是石油钻井工程的一个重要环节（图 4-3）。主要施工工序与技术包括以下几个方面。

（1）下套管。

为保证固井质量和顺利下入套管，要做套管柱的结构设计。套管有不同的尺寸和钢级，表层固井通常使用的套管直径相对较大，多数是采用钢级低的“J”级套管；技术套管通常使用 Φ177.8 N80 套管，对于垂深较大的井采用 Φ177.8 P110 高钢级套管，油层套管固井通常使用 7in（1in=0.0254m）以下的套管。工程上根据用途、地层预测压力和套管下入深度设计套管的强度，确定套管的使用壁厚、钢级和丝扣类型。

（2）注水泥。

注水泥是套管下入井后的关键工序，其作用是将套管和井壁的环形空间封固起来，以封隔油气水层，使套管成为油气通向井中的通道。

（3）井口安装和套管试压。

下套管注水泥之后，在水泥凝固期间就要安装井口。表层套管的顶端要安装套管头的壳体。对于三级井身结构井，表层套管及技术套管挂在套管头内，套管头主要用来支撑技术套管；对于二级井身结构井，表层套管及油层套管挂在套管头内，这对固井水泥返至地面尤为重要。套管头还用来密封套管内的环形空间，防止压力互窜。套管头还是防喷器、油管头间的过渡连接。陆地上使用的套管头上还有两个侧口，可以进行补挤水泥、监控井况。

3. 压裂技术

压裂技术是油气田增产、稳产的一项重要工艺技术。它利用液体传导压力的性能，在地面利用高压泵组，以大于地层吸收能力的排量将高黏度液体排入井中，在井底憋起高压，此压力超过油气层的地应力和岩石抗张强度后，会在地层中产生裂缝，继续将带有支撑剂的携砂液注入裂缝，使裂缝边得到延伸，边得到支撑，停泵后就在油层形成了具有一定宽度的高渗透填砂裂缝。由于这个裂缝扩大了油气流动通道，改变了流动方式，降低了渗流阻力，因而可以起到增产作用。常见的压裂技术有封隔器分段压裂技术、水力喷射压裂技术、桥塞压裂技术、TAP 分段压裂技术。

1）封隔器分段压裂技术

分为上提管柱分段压裂技术和不动管柱分段压裂技术。上提管柱分段压裂技术的基本原理是喷砂器产生节流压差，将封隔器坐封实施压裂。压裂完成后反洗井替液将封隔器解封，将管柱上提至下一个需要改造的层段，达到压裂多个层段的目的。其施工的安全性及可靠性比较高。不动管柱分段压裂技术是利用喷砂器产生的节流压差，将封隔器坐封，压裂完一段后向井内投球打开下一层段喷砂器，继续进行压裂施工，从而达到不动管柱一次压裂多个层段的目的。

2）水力喷射压裂技术

水力喷射压裂技术是一种集水力喷砂射孔、水力压裂及隔离等多种技术为一体的新型水力分段压裂技术（图 4–4）。水力喷砂压裂技术通过拖动管柱，把喷嘴放到需要改造的层段，从而依次压开所有需要改造的水平井段。

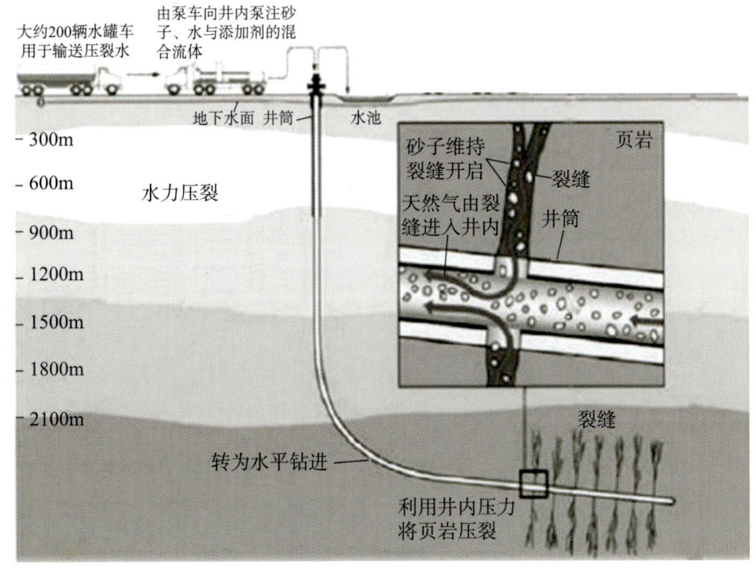

图 4–4　水力喷射压裂技术示意图

3）桥塞压裂技术

首先将可取式桥塞坐封并释放于第一预设压裂层段的下部，上提压裂管柱至待压层段上部。压裂时，坐封器产生的节流压差使封隔器坐封，从而完成第一层段的封隔及压裂；控制放喷后，下放管柱捕捉并解封桥塞，然后上提管柱至第二预设压裂层段，坐封并释放桥塞，上提管柱完成第二层段的封隔及压裂。如此反复，可以实现多个层段的压裂。

4）TAP 分段压裂技术

TAP 分段压裂技术是以 TAP 阀门作为依托，逐级投入标枪开启压裂各段套管阀，采用光套管进行压裂的技术。施工完毕后，下入钻铣对标枪进行磨铣，从而实现压裂液的返排。

4. 采油气工程技术

采油气工程是指为采出地下油气而采用的各项工程技术措施的总称。油气田开发采油气工艺一般分为自喷开发和机械开发。自喷开发就是油气从井底到达井口，从井口流到集油站，全部都是依靠自身的能量来完成的开发方法。当地层能量减弱，能量不足以维持自喷时，则必须人为地从地面补充能量，才能把油气举升出井口，此种情况通常称为机械开发。鄂尔多斯盆地大牛地气田低压致密，储层物性差，气层产能低，气层多，单层单井产能低，且气井产液较多，因此，在采气工艺技术上，具有相应的特点。

1）低压致密气田采气方式的选择

结合大牛地气田上古生界太 2 段、山 1 段、山 2 段、盒 1 段、盒 2 段和盒 3 段气层的测试成果和经济效益分析结果，其高产气层一般采用单层开发；低产气层单层开发不具备经济效益，因而大多采用多层开发或者间歇开发以实现经济开发。

2）井口装置和生产管柱优选

采油气工程是系统工程，在进行采气管柱设计时，需要考虑的因素比较多。井口装置的选择主要根据采气方式、气藏最大地层压力、气藏气质特点及费用等来确定。大牛地气田产出的天然气中基本不含硫化氢，因此一般不需要特殊抗硫井口装置。

3）排液采气工艺

（1）泡沫排液采气工艺。

泡沫排液采气工艺的基本原理是从井口向井底注入某种能够遇水起泡的表面活性剂（起泡剂），在井底积水与起泡剂接触以后，借助天然气流的搅动，生成大量低密度含水泡沫，随气流从井底携带到地面，从而达到排出井筒积液的目的。

（2）速度管柱排液采气工艺。

该工艺在 Φ73mm 原油管中下入同心 Φ38.1mm 连续油管，通过连续油管向油管和连续油管环形空间注入高压气体（天然气或氮气），举升积液井的积液；或利用 Φ38.1mm 连续油管充当生产管柱，依靠气井自身能量，利用小油管特性，提高气体的流速，达到排水采气的目的。

5. 油气集输及配套的地面工程技术

油气田油气集输的工作范围是以油气井为起点，以油气存储库或油气外输站为终点，主要工作内容为：油气分离、原油净化、原油稳定、天然气净化、轻烃回收、水处理等。

1）大牛地气田“高压进站、加热节流、低温脱水、轮换计量”的高压集气工艺

大牛地气田高压集气工艺为天然气从采气井口（初期压力为 15~21MPa）通过单井采气管线高压进站后，先加热、再节流，使节流后的低温天然气进入生产分离器和旋流分离器两级低温分离系统，分离掉天然气中的水分，并使之满足天然气外输水露点和烃露点要求。为监控调节采气井日产气量并控制生产成本，在集气站每 8 口井设置一台计量分离器，轮换监测气井产气量和产液量。经过分离器分离的天然气经出站总计量后进入集气支线管网外输，分离出的液相进入油水缓冲罐，由罐车定时拉运，集中处理（图 4–5）。

2020 年，大牛地气田年产天然气达到 $47.44 \times 10^8 m^3$，建成集输气站 60 余座，集输

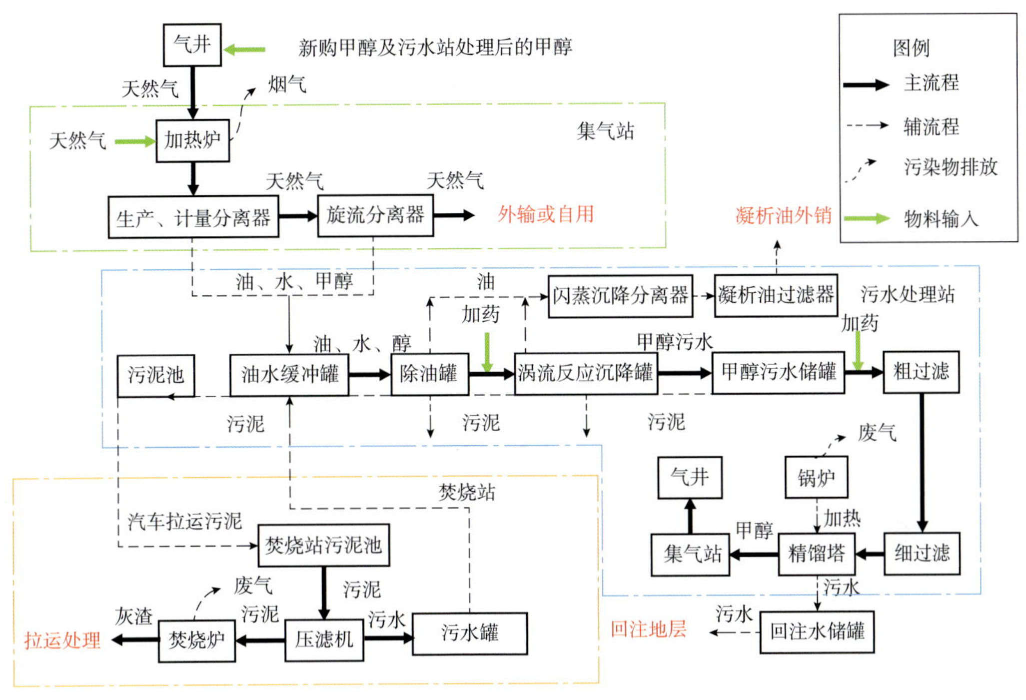

图 4-5　大牛地气田集气、污水处理流程

管网采用枝状、辐射状相结合的部署模式，根据管道使用位置的不同，可分为单井采气管线、站间集气支线、气田集气干线和气田外输干线。单井采气管线有 1000 余条，设计压力 25MPa，材质采用 20# 无缝钢管，管道规格以 *DN*40 和 *DN*50 为主；集气站间集气支线设计压力为 6.3MPa，材质采用 L290 钢管，管道规格采用 *DN*150、*DN*200 和 *DN*250 这 3 种规格；集输干线共 4 条，设计压力为 6.3MPa，材质采用 L360 钢管或 L415 钢管，管道规格采用 *DN*500、*DN*650 和 *DN*700 这 3 种规格。

2）红河油田"功图量油、单管串联密闭混输，以增压站、转油脱水站、联合站为主体"的三级布站地面集输工艺

红河油田采用二级布站（井场－增压站－联合站）与三级布站（井场－增压站－转油站－联合站）相结合的布站方式，形成了以增压站、转油脱水站、联合站为主体骨架的地面集输系统（图 4-6）。其采用了单井串接树枝状管网，并实现了不加热密闭油气混输。采用示功图远程在线计量工艺，实现了单管不加热混输。该过程中，计量误差小于 10%，并采用移动计量车标定，能够满足油区内部的计量精度要求。

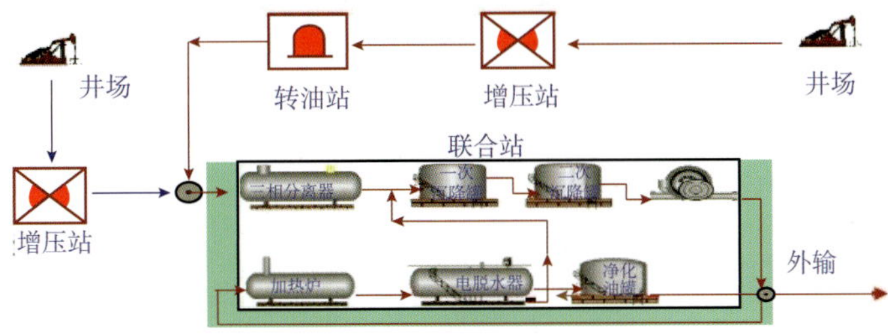

图 4-6　红河油田集输流程

单井产液通过单井管线（不加热）集输至增压站，在站内加热、增压后输至转油站，在转油站内加热、增压后外输至联合站，在联合站内集中分离、脱水生产出合格的原油并储存。原油经联合站内的三相分离器分离出的伴生气用作锅炉燃料气；分离出的原油直接进入储油罐（含水率≤1.5%），利用罐车装车外运；分离出的含油污水经站内的“重力除油＋混凝沉降＋二级过滤”三段式污水处理流程处理合格后回灌入地层。

油气田勘探开发主要阶段常用的工程内容及相关工艺技术如表 4-1 所示。

表 4-1　油气田勘探开发常见工程内容及工艺技术

序号	阶段	主要内容	主要工程作业	相关工艺技术或主要作业方法
1	物探	石油物探是指根据地下岩层物理性质的差异，通过物理量测量，对地质构造或岩层性质进行研究，以寻找石油和天然气的过程	测量、钻井、激发震源、接收工序等	三维地震勘探、重力勘探、磁力勘探、电法勘探
2	钻井	钻井是利用专用设备和技术，在预先选定的地表位置处，向下或向一侧钻出一定直径的圆柱孔眼，并钻达地下油气层的过程	钻井准备：测定井位、落实水源、修筑道路、基础施工、井架安装、钻机搬迁与安装、土方工程施工、全套水电线路的铺设和安装防冻保温设施，以及备齐开钻钻具和用料； 钻进工程：起下钻、接单根、钻进等	欠平衡钻井技术、钻井轨迹控制技术、钻井液技术等
3	录井	录井是油气勘探开发活动中最基本的技术，是发现、评估油气藏最及时、最直接的手段，具有获取地下信息及时、获取内容多样、分析解释快捷的特点。基本录井数据通常包括孔隙度、深度、岩屑岩性、气体测量和岩屑描述参数，也可能包括泥浆流变特征或钻井参数	岩屑收集与整理、岩屑的描述、岩屑的保存、真假岩屑的识别、利用岩屑判断和分析地下岩石性质、岩屑录井草图和实物剖面、利用岩屑划分岩性和地层等	定量气测技术、定量荧光技术
4	测井	测井是利用岩层的电化学特性、导电特性、声学特性、放射性等地球物理特性，测量地球物理参数的方法，属于应用地球物理方法（包括重、磁、电、震、核）之一	固定下井仪器和测井辅助设备、启动绞车液压系统、在井口组装下井仪器并将仪器下入井中、监测资料、收回工具并完成测井等	电阻率测井（自然电位测井、普通电阻率测井、感应测井）、声波测井（长源距声波测井、横波测井）、放射性测井、三孔隙度测井
5	固井	固井指为了加固井壁、保证继续安全钻进、封隔油气水层、保证勘探期间的分层测试及在整个开发过程中合理的油气生产等，下入优质钢管，并在井筒与钢管环空充填好水泥的作业	下套管、注水泥、候凝、检测评价等	深层天然气井固井技术、固井外加剂及特种水泥浆、气层固井压稳与防漏技术
6	完井	完井是根据油气层的地质特性和开发的技术要求，在井底建立油气层与油气井井筒之间的合理连通渠道或连通方式的过程	按设计要求摆放地面设备、立钻杆或管柱、装防喷器 / 功能 / 压力试验、刮管洗井、射孔校深、投棒点火、反涌 / 洗井、再次刮管洗井、下封隔器、下防砂管柱、下生产管柱、拆井口防喷器、装井口采油树、卸载、验收交井	射孔完井技术、裸眼完井技术、衬管完井技术、砾石充填完井技术

续表

序号	阶段	主要内容	主要工程作业	相关工艺技术或主要作业方法
7	射孔	射孔指用专用射孔弹射穿套管及水泥环，在岩体内产生孔道，建立地层与井筒之间的连通渠道，以促使储层流体进入井筒的工艺过程	施工前准备、现场安装、测量定位、审核起爆、清理现场等	子弹射孔技术、聚能式射孔技术、水力喷射射孔技术、机械割缝式射孔技术、复合射孔技术等
8	采油气	采油气工程是油气田开发过程中根据开发目标通过生产井和注入井对油藏采取的各项工程技术措施的总称。它所研究的是可以经济有效地作用于油藏，以提高油气井产量和油气采收率的各项工程技术措施的理论、工程设计方法及实施技术	采气：控制节流、分离净化、计量；采油：加热、分离、原油脱水、污水处理	泡沫排液采气技术、速度管柱排液采气技术等

第2节　油气勘探开发环境保护

1. 鄂尔多斯盆地环境敏感与脆弱性的特点

鄂尔多斯盆地生态环境极其脆弱。由于水土资源不合理开发利用，生态环境趋于恶化。鄂尔多斯盆地是我国水土流失和荒漠化非常严重的地区之一，本小节从下述几个方面阐述盆地环境特点。

1）气候

盆地范围内属于大陆性干旱半干旱气候，年平均气温8℃，最低气温 -10℃，最高24℃。沙漠地区最低气温 -30℃，最高40℃，盆地全年降雨量250~300mm，夏季降雨量约70%，而蒸发量在2000mm以上，冬春季节多风沙，霜降期在10月，结冰期在11月初。盆地内黄土高原区域年平均气温9~10℃，最低气温 -8℃，最高23℃，无霜期6个月，年降雨量300~600mm，7~9月占一半以上，且多暴雨，时有冰雹。

2）水资源

盆地的西北部、北部、东部三面黄河环绕，盆地内的水系均属于黄河水系，沙漠平原区多为间歇河，大都注入沙漠湖泊或者盐沼湖。地面河流流量不大，旱季常干枯无水，且水质不佳。但地下水资源丰富，第四系、白垩系均有含水砂层，可获高产淡水。

（1）小壕兔富水区。

小壕兔富水区位于榆溪河上游沙漠滩地区，批准允许开发量 $24.3\times10^4m^3/d$，富水区内古地形起伏较大，在西部尔林兔及东部小壕兔地区各分布一条宽5~8km的古河槽，两古河槽之间以分水岭相隔，在下游高家火场地区汇合。在古河槽中部第四系、更新统冲积层沉积厚度 80~140m，分水岭地带沉积厚度 30~80m，含水层岩性为细砂、粉细砂及亚砂土。水源地除北部接受区外地下水径流补给外，东部以地表分水岭形式与邻区相隔。第四系孔隙含水层底部，在水源地北西部为白垩系洛河组砂岩，水力条件较好，地下水向刀兔海子地区排泄，其下为侏罗系中下统砂泥岩，裂隙不发育，可视为隔水底板。开发方式主要包括引流或管井。

（2）沟岔富水区。

沟岔水源地是为适应神府－东胜能源基地二期开发阶段的用水需求而勘查的。1989 年 12 月，陕西省审查批准可开发量 $18.5\times10^4m^3/d$。

沟岔富水区位于宫泊沟与圪丑沟的交汇地带，富水区补给域第四系厚度在 100m 以内，属于第四系上更新统萨拉乌素组冲积层孔隙潜水，含水介质以粉细砂为主，其分布与厚度受中生界侏罗系基准面的控制，厚度为 10~85m。潜水受大气降水入渗补给，消耗于蒸发、蒸腾，并以地下径流形式向宫泊沟与圪丑沟沟谷排泄。开发方式主要为截流。

（3）哈头才当地下水水源地。

哈头才当地下水水源地位于乌审旗的哈头才当地区，面积约 $80km^2$，属于波状高原及沙漠高原地貌，主要含水层为萨拉乌苏组及白垩系洛河组。萨拉乌苏组含水层厚度为 10~100m，水位埋深 1~3m，单井涌水量大于 $500m^3/d$，水质较好，矿化度低于 1g/L。洛河组含水层厚度一般为 100~230m，顶板埋深 20~100m，水位深度为 1~10m，单井涌水量通常大于 $500m^3/d$，地下水水质好，矿化度低于 1g/L，估算可开发量为 $105m^3/d$。该水源地主要向鄂尔多斯康巴什新区供水。

（4）门克庆及其扩大区地下水水源地。

门克庆及其扩大区地下水水源地位于伊金霍洛旗札萨克镇台格庙地区，属于波状高原及沙漠高原地貌，主要含水层为白垩系洛河组及环河组，埋深 1~5m，单井涌水量大于 $500m^3/d$，局部地段达到 $1000m^3/d$，水质较好，矿化度为 0.2~0.3g/L。洛河组、环河组含水层厚度一般为 150~270m，顶板埋深 30~50m，可开发量为 $5\times10^4m^3/d$。其中，门克庆水源地供水 $2\times10^4m^3/d$，扩大区供水 $3\times10^4m^3/d$，扩大区也称查汗淖水源地。门克庆水及其扩大区水源地主要向伊金霍洛旗阿镇和康巴什地区供水。二级保护区范围依据水源地保护区提供的资料可以得出范围边界，一级保护区有围栏围挡。

（5）瑶镇水库地表水源地。

瑶镇水库位于神木市境内秃尾河上游，距榆神公路 13km，距神木县城 43km。瑶镇水库地表水体除大气降水和河流外，很大程度是来源于地下水，这是由于秃尾河及其支流乞求沟和圪丑沟是第四系萨拉乌苏组和白垩系环河组地下水的排泄区。瑶镇水库的日供水能力为 $25\times10^4m^3/d$，其中，供给神木市 $12\times10^4m^3/d$，供给锦界工业园区 $7\times10^4m^3/d$，供给国华电厂 $6\times10^4m^3/d$。目前已经划定保护区，并建设保护区围栏。

（6）中营盘水库地表水源地。

中营盘水库位于陕西省榆林市孟家湾乡中营盘村无定河水系的榆溪河干流上，坝址以上控制流域面积 606.7km^2，目前的主要功能为工业供水、农田灌溉和渔业用水，目前供水能力为 $5 \times 10^4 m^3/d$，规划在将来作为榆林市百万人口的供水源，目前还没有划分保护区。

3）土壤

鄂尔多斯盆地及其周围区域的成土母质主要有黄土、风积物、冲积物、风（水）滩积物、湖积物和坡积物等。土壤类型主要为风沙土壤和其他土壤。

（1）风沙土壤。

风沙土壤包括沙丘地风沙土、沙滩地风沙土两个亚类。

沙丘地风沙土主要包括 3 类：①流动风沙土，土壤母质为风积沙，生长有稀疏的沙生植物，植被覆盖率小于 15%，风力达到三级以上时，沙粒可随风流动前进，干沙层厚，农业利用困难；②半固定风沙土，土壤母质为风积沙或湖积物，除沙生植物外，亦有柠条等植物生长，植被覆盖率为 15%~30%；③固定风沙土，土壤母质为风积沙，植物生长良好，除沙生灌木外，尚有用材林木水桐、刺槐生长，植被覆盖率为 30% 以上，成土作用较明显，但不能作为耕植用地。

沙滩地风沙土分为潮风沙土、草甸风沙土和潜育风沙土，鄂尔多斯盆地主要分布潜育风沙土，其母质为风积沙，是人为耕种熟化形成的土壤。

（2）其他土壤。

潮土，成土母质多为湖泊的风沙沉积物和洪积物，土质一般为上、下部差异不大的沙土或沙壤土。鄂尔多斯盆地潮土主要属于湿潮土，土质较细，有机物含量高，速效养分缺乏，农作物发苗迟，怕涝不怕旱，易产生盐渍化。

沼泽土，表层沙壤，腐殖质厚度为 10~20cm，有机质含量为 0.3%~0.5%，宜作为牧业用地，亦可耕种。

淤土，是水土流失沉积形成的土壤，一般土层深厚，通气透水性好，耕作容易，宜耕期长，但保水保肥力差。

根据对鄂尔多斯盆地沙地和耕地土壤质量的初步调查分析认为，盆地内土壤有机质含量低，微偏碱性。

4）植被和生物资源

（1）植物。

鄂尔多斯盆地曾经是森林茂盛、水草丰美、牛羊塞道之地，至今区域内还残留少许天然林地和大片的天然草场。新中国成立后，由于生态环境建设的需要，在当地建设了大规模的草本植物、灌木、乔木相结合的防风固沙体系和水土保持林，同时为满足当地畜牧业的需要，大抓草场更新建设，扩大草场种植面积。随着退耕还林、还草政策和圈养政策的实施，加之该区域降水近年来呈增长趋势，整个区域植被覆盖率不断提升，沙柳、油蒿、旱柳等植物基本使区域流沙得到固定或半固定，丰富的植被资源给当地带来了显著的生态效益和经济效益。目前，仅鄂尔多斯市就有植物资源 800 余种，约有 400 余种可入药，主要包括甘草、麻黄、枸杞、银柴胡、远志、冬花等，其中，甘草、麻黄产量较大。另有相当一部分沙生植物（如沙棘、沙芥等），都具有较高的食品经济开发价值。

鄂尔多斯盆地主要的地带性植被分布于高原中东部的典型草原、中西部的荒漠草原和西部的草原荒漠，非地带性植被包括沙地植被、低湿地植被和盐化植被，主要有针茅属的长芒草、短花针茅、大针茅和菊科蒿类的冷蒿、黄蒿、大紫蒿、沙蓬等群丛牧草，沙棘灌丛、黄蔷薇灌丛、酸枣灌丛、杂灌丛群系等灌丛，山杨、刺槐、柳树、国槐、桑树、桐树等乔木。

（2）动物。

鄂尔多斯盆地有野生动物 2000 余种，主要包括蛙类、蛇类、鳖科、蜥蜴科的两栖类动物，岩鸽、家燕、树麻雀、大山雀、凤头百灵、戴胜等鸟类，以及鼠科、松鼠科、仓鼠科、食虫目、翼手目、兔形目、肉食目及偶蹄目的兽类，等等。

在鄂尔多斯盆地野生动物资源中，有相当一部分属于国家级保护动物。如属于国家一级保护动物的遗鸥，为世界上濒临灭绝的动物之一，也是人类认识最晚的鸟种之一，据专家考证，鄂尔多斯遗鸥种群为世界三大遗鸥繁殖种群之首，目前已发现的数量约为 5000 余只；还有国家二级保护动物白天鹅，数量也较多；以及经济价值较高的石貂、黄喉貂，等等。

5）自然灾害

根据有关统计资料分析可知，鄂尔多斯盆地自然灾害相对频繁，尤以旱灾、雹灾、洪涝、霜冻、风沙灾害为多，且危害较大。据统计，历史自然灾害中旱灾占 90%，大风沙暴灾害占 6%，霜冻灾害占 3%，冰雹和洪涝灾害占 1%。2000 年至今，由于我国北方降雨量增多，旱灾有一定程度的减少。

鄂尔多斯盆地平均风速约 3m/s，起沙风年出现次数为 200~370 次，全年沙尘暴日在 20 天左右。根据测定，一次 8 级风可以以 30m/s 的速度蚀去土壤，一年可侵蚀土壤 380t，吹走肥土，损坏地面肥力，导致土地生产力下降，摧毁禾苗林草，从而加剧了土地沙化和沙漠化趋势。

盆地内地层稳定，无火山活动或岩浆岩活动，无活动断裂，构造简单，稳定性好。

6）沙漠化趋势及水土保持状况

鄂尔多斯盆地地表结构疏松，年度、昼夜温差较大，沉积物容易风化，是形成沙地的物质基础，加之该区属于强风区，风多风大，为形成沙地和引起沙子活动创造了条件。由于久经强风蚀、风剥，形成的连绵沙丘或风沙类土地，质地疏松，无结构，渗透性强。区内主要以季节性风力剥蚀为主，再加上前几十年沙区过度放牧、过度垦荒种植及樵柴活动等，使得土地、草场退化沙化，沙地面积扩大，加速了水土流失，土壤侵蚀达到 650~5000t/km^2。

第 5 章

油气资源协调开发技术

第 1 节　油气资源与共生矿产协调开发总体布局

1. 鄂尔多斯盆地共生矿产组合类型

依据能源矿产战略、经济地位、储量规模、品位、目前开发技术条件等因素，将鄂尔多斯盆地共生矿产组合划分为 6 类区域：

Ⅰ类区域：北缘——大量铀、煤炭、天然气的组合区域；

Ⅱ类区域：北部——少量铀，以及大量煤炭、天然气的组合区域；

Ⅲ类区域：东缘——大量煤炭、较大量煤层气，以及少量天然气的组合区域；

Ⅳ类区域：南部——少量煤炭、大量石油，以及潜在天然气的组合区域；

Ⅴ类区域：西南缘——较大量煤炭、大量石油，以及潜在天然气的组合区域；

Ⅵ类区域：西缘——少量铀、较大量煤炭，以及潜在煤层气的组合区域。

2. 油气与铀重叠区开发相互影响分析

1）油气和铀矿在勘探开发过程中的空间展布情况

（1）平面分布状况。

铀矿主要分布在盆地北缘区域（Ⅰ类区域），在鄂尔多斯市杭锦旗、达拉特旗、东胜区、伊金霍洛旗等地的大营、纳岭沟、皂火壕、柴登、柴登壕等区域分布有大型、特大型砂岩型铀矿床，其他区域铀矿分布极为零星。石油主要分布在南部和西南缘地区（Ⅳ类区域、Ⅴ类区域），天然气主要分布在北缘和北部地区（Ⅰ类区域、Ⅱ类区域），如图 5–1 所示。平面上，油藏与大型铀矿分布基本不重叠，天然气藏与铀矿协调开发区域较小，集中在几个大型铀矿区内（图 5–2）。

（2）层位分布情况。

铀矿分布层位以侏罗系直罗组为主；石油资源主要分布在晚三叠世延长组及早侏罗世延安组，其中，延长组是主力含油层系，延安组油层储量规模较小。天然气主要分布在下古生界奥陶系碳酸盐岩风化壳储层、上古生界山西组和石盒子组砂岩储层中。在层位分布上，铀矿开发和油气开发基本不发生冲突（图 5-3）。

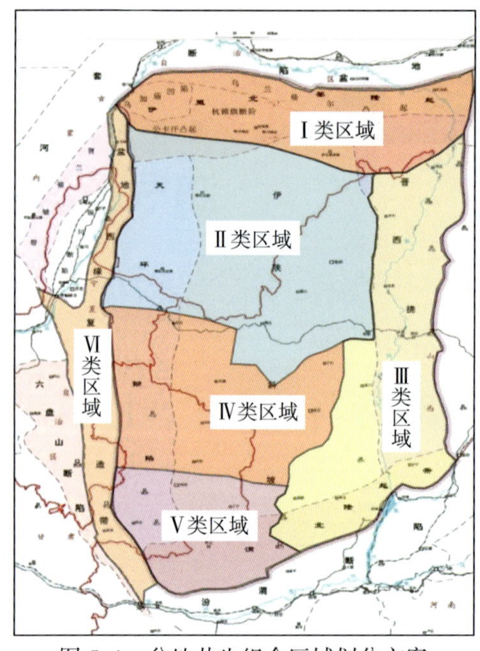

图 5-1　盆地共生组合区域划分方案

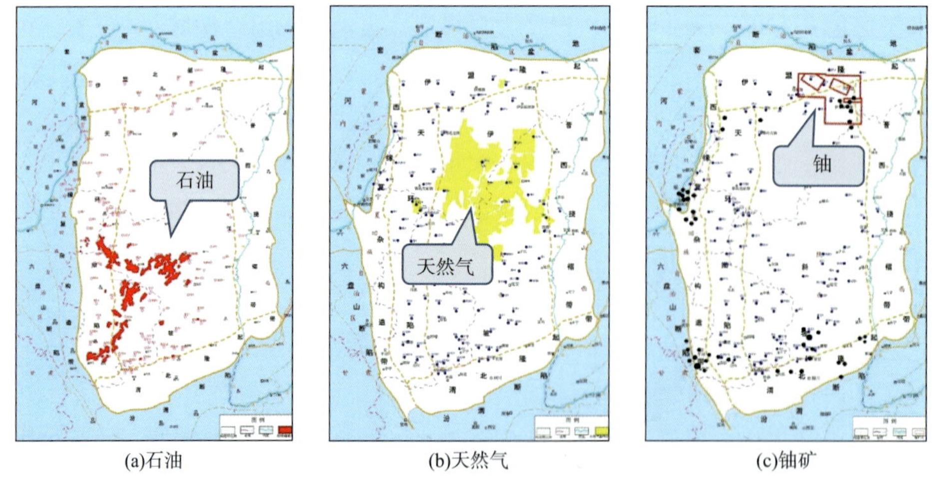

(a)石油　(b)天然气　(c)铀矿

图 5-2　鄂尔多斯盆地石油、天然气和铀矿分布图

2）铀矿资源开发的工程工艺

鄂尔多斯盆地多采用地浸法开发。地浸采铀是由地质学、水文学、湿法冶金、环境工程等学科协调发展的一门工艺技术。该技术将溶浸液通过注液钻孔注入井下，使之与天然埋藏条件下的矿石接触反应，使铀溶解而不使矿石位移，再通过抽液钻孔将反应后的溶浸液抽到地面。这是一种集采、冶于一体的新型铀矿开发方法。在自然条件下，通过从地表钻至含矿层的钻孔将配好的浸出剂注入矿层，注入的浸出剂与矿石中的有用成分接触，发生化学反应，生成的可溶性化合物在扩散和对流作用下离开化

学反应区，进入沿矿层渗透迁移的溶液液流中（图 5–4）。溶液经过矿层从另外的钻孔提升至地表，抽出的浸出液输送至回收车间进行离子交换等处理工艺，最后可得到合格产品。目前，用于实际生产的地浸采铀工艺方法主要有酸法浸出法、碱法浸出法和中性浸出法。

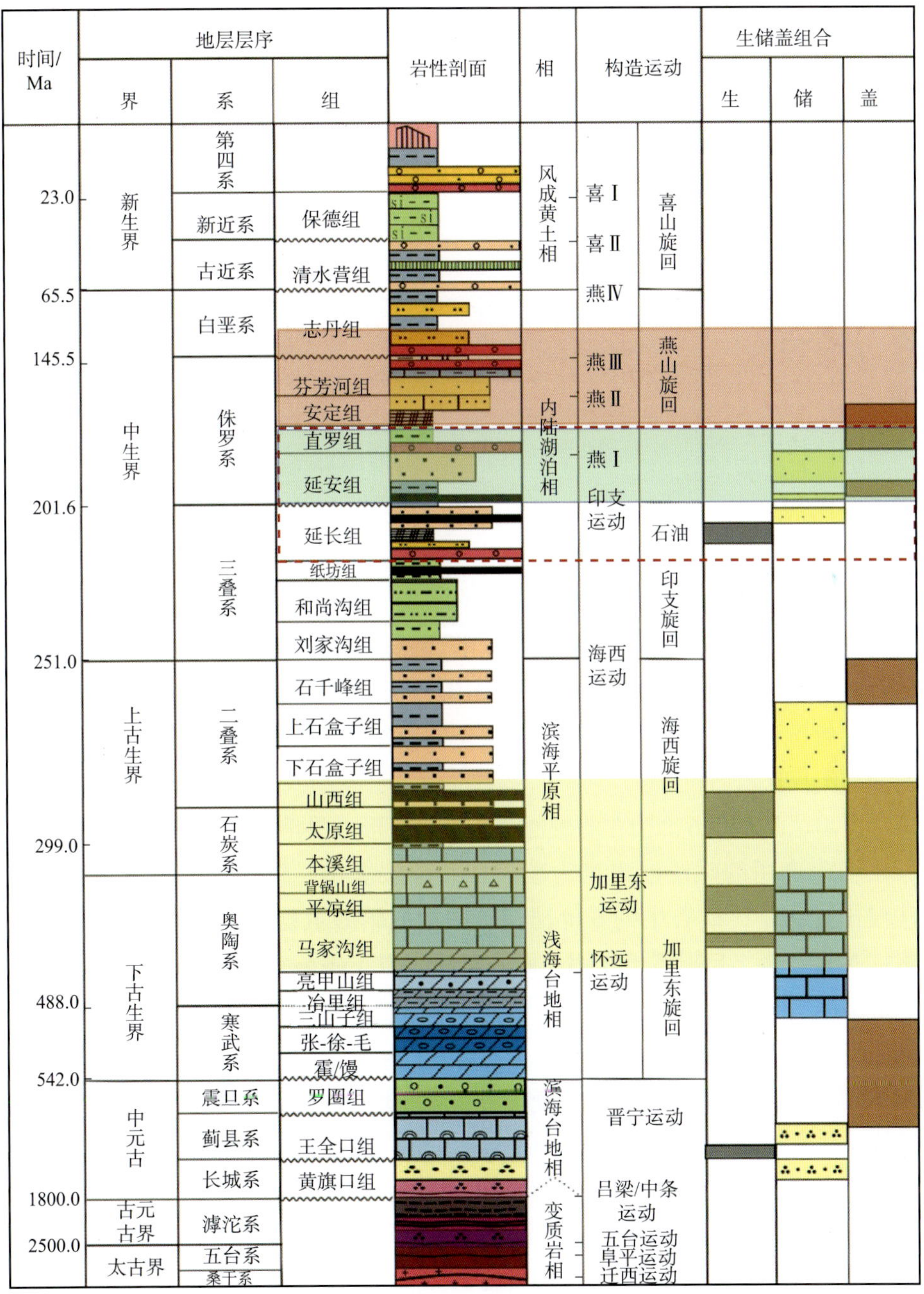

图 5–3 鄂尔多斯盆地成矿系统综合柱状图

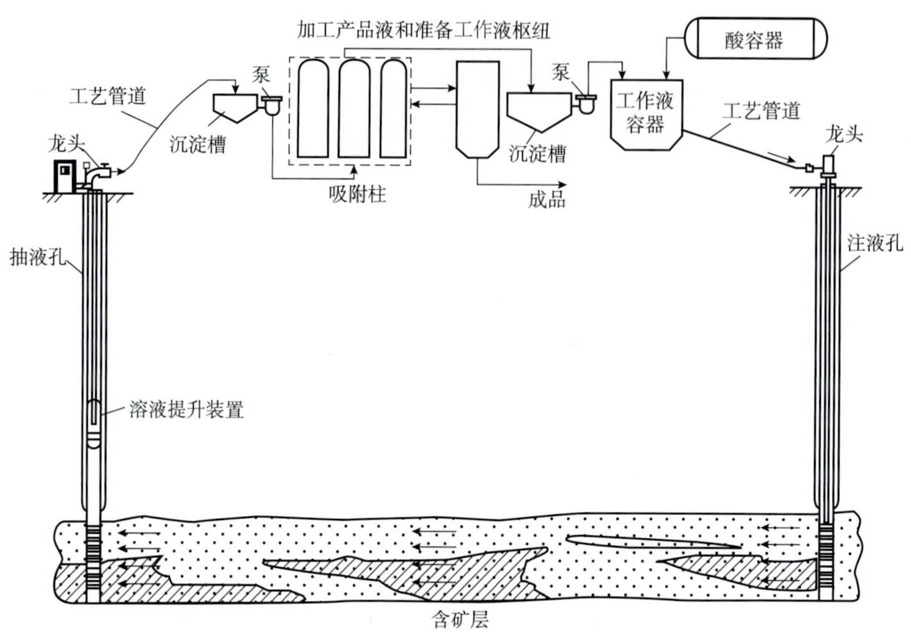

图 5-4　地浸法采铀示意图

酸法浸出法是以酸性试剂作为浸出剂的地浸过程，也称酸浸。目前，工业生产用的酸性浸出剂为硫酸，氧化剂为过氧化氢或氧气。硫酸浸出时，随着地下水在水力梯度作用下的运移，可以改变矿层的地球化学环境，使 pH 值变化，随着 pH 值的变化，铀从沉淀态变为溶解态，生成硫酸铀酰。酸法浸出法正是利用铀与酸发生化学反应的特性，将铀溶解在含酸的溶浸液中形成浸出液，当溶液中的 pH 值小于 3.5 时，可以避免 6 价铀水解沉淀，进而将浸出液抽出送至回收车间。因此，酸浸过程中通常控制浸出液的 pH 值小于 2。

碱法浸出法是基于6价铀在弱碱性介质中可以形成易溶的络合物的原理而提出的。目前，工业生产用的碱法浸出剂为碳酸钠和碳酸氢钠，氧化剂为过氧化氢或氧气。在碱法浸出过程中，矿石中的 6 价铀与碳酸盐或碳酸氢盐中的 CO_3^{2-} 或 HCO_3^- 络合，Na^+、K^+、NH_4^+、Ca^{2+} 起阳离子作用，而阴离子则以三碳酸铀酰 $[UO_2(CO_3)_3]^{4-}$ 或二碳酸铀酰 $[UO_2(CO_3)_2]^{2-}$ 的形式存在，从而将铀从固相转移到液相，生成碳酸铀酰。因此，碱法浸出实际上是 CO_3^{2-} 和 HCO_3^- 的浸出。碱法浸出中需加入氧化剂，氧化剂将 4 价铀转变为 6 价铀。4 价铀化合物在不加氧化剂时用碳酸盐试剂不能回收，氧化剂应与碳酸盐一起直接注入矿层，通过加碳酸氢盐和二氧化碳气体进行浸出。

中性浸出法是 pH 值为中性条件下的铀浸出，中性浸出也称为中性弱碱性（或弱酸性）浸出。目前，工业生产用的中性浸出剂为二氧化碳，氧化剂为氧气。中性浸出条件下，CO_3^{2-} 几乎不存在，溶液中的碳酸盐全部以 HCO_3^- 形式存在，实际上是 HCO_3^- 浸出。CO_2^{3-} 和 HCO_3^- 之间的转换与溶液的 pH 值密切相关，通过加二氧化碳可以调节溶浸液的 pH 值。目前应用的中性浸出有两种，一种是二氧化碳 + 氧气浸出，另一种是微酸浸出。前一种浸出方式立足于碱性浸出的基础上，氧化剂（氧气）将4价铀转变为6价铀，其浸出剂为中性；后一种浸出方式则立足于酸性浸出的基础上，浸出剂为弱酸性。

3）协调开发的影响因素分析

铀矿采用地浸开发型井网，多为网格式或行列式，井距较小，约为15~40m，矿层埋深较浅时，将采用更小的行距与井距。油气勘探和开发钻井井距约为0.6~2.0km，跨度较大，开发井比较容易错开，在双方作业面发生冲突的情况下，存在轻微影响。

油气开发对铀矿开发的影响为：油气钻井过程中，若钻井井位处于铀矿地浸液循环区，钻井液会渗入地浸液中，影响地浸液的性质。铀矿开发对油气开发的影响为：当采用酸法浸出法时，地浸液会对钻井造成轻微腐蚀；另外，钻井过程中，含有放射性物质的地浸液会随着钻井液循环至地表，导致放射性污染。

综合上述分析可知，石油藏与铀矿不重叠，因此石油与铀矿开发相互之间不会产生影响；天然气藏与铀矿在盆地北缘有部分重叠，但结合铀矿和天然气的开发规模及工艺特点来看，铀矿开发与天然气开发的相互影响完全可以规避。

3. 油气与煤炭重叠区开发相互影响分析

1）油气和煤矿在勘探开发过程中的空间展布情况

（1）平面分布状况。

石油主要分布在南部和西南缘地区（Ⅳ类区域、Ⅴ类区域），天然气主要分布在北缘和北部地区（Ⅰ类区域、Ⅱ类区域），煤炭资源在鄂尔多斯盆地基本全盆地分布。油气和煤炭相互影响较为突出的区域主要在北缘（Ⅰ类区域）、北部（Ⅱ类区域）、南部（Ⅳ类区域）和西南缘（Ⅴ类区域）4个区域（图5-1）。

（2）层位分布情况。

鄂尔多斯盆地主要发育上古生界石炭系-二叠系本溪组、太原组、山西组，中生界三叠系瓦窑堡组、侏罗系延安组及直罗组6套煤层。瓦窑堡组、本溪组、直罗组煤层分布范围有限，延安组煤层分布在中生代盆地范围内，太原组、山西组煤层分布已超过现在的盆地范围。盆地内石油资源主要分布在中生界晚三叠世延长组及早侏罗世延安组，其中，延长组是主力含油层系。盆地内天然气主要分布在下古生界奥陶系碳酸盐岩风化壳储层，以及上古生界山西组、太原组和石盒子组砂岩储层中。

2）煤炭资源开发的工程工艺

（1）主要采煤工艺。

按照埋藏深度不同，煤矿分为露天煤矿和地下煤矿两种。鄂尔多斯盆地煤矿以地下煤矿为主，采煤常采用长壁采煤方法，开发工艺一般分为放顶煤采煤、分层采煤、一次性采全高采煤等。

①放顶煤采煤。

放顶煤采煤是在开发厚煤层时，沿煤层的底板或煤层某一厚度范围内的底部布置一个采高为 2~3m 的采煤工作面，用综合机械化方式进行回采，利用矿山压力的作用或辅以松动爆破等方法，使顶煤破碎成散体后，由支架后方或上方的“放煤窗口”放出，并由刮板运输机运出工作面。

②分层采煤。

当煤层很厚时，将煤层分成若干层（一般是 2 层或 3 层），分别开发，这种方式称为分层采煤。

③一次性采全高采煤。

一次性采全高采煤是针对合适的煤层，一次性将煤全部采出。对于中厚煤层，就是采用大采高支架一次性将煤全部采出。

（2）矿区开发引发的塌陷问题。

以鄂尔多斯盆地神东矿区为例。该矿区位于鄂尔多斯盆地毛乌素沙漠和陕北黄土高原的接壤地带，该区赋存的侏罗纪煤层突出特点是埋藏浅、风积沙覆盖层厚、顶板基岩薄且工作面开发厚度大。由于地质及生态环境脆弱，导致煤矿开发引起的地表沉陷和环境破坏比较明显。该区煤矿开发活动始于 20 世纪 80 年代，各大型矿井主要采用长壁开发的方式，综采一次性采全高工艺和全部垮落法顶板管理方式进行回采；地方小煤矿主要采用房柱式采煤法。目前，该区特大型矿井综合采煤工作面长度为 120~450m，推进长度为 1000~6000m，采煤高度为 4~7m。早期大型煤矿（如大柳塔煤矿等）浅埋开发时，工作面顶板来压后，短时间内地表会形成切落式塌陷盆地，盆地内部和边缘发育正台阶状塌陷裂缝，且有少量倒锥形塌陷漏斗和塌陷槽，对土地、地表水和地下水的影响较大。对小型煤矿采用房柱式采煤方法时，在工作面采空较长时间后，多数地表会形成突发性大规模塌陷，塌陷区发育台阶状裂缝、塌陷槽、崩滑和崩塌。

开发导致的沉陷问题无论是对安全生产还是对生态环境都构成了严重威胁。首先，回采形成的塌陷沟道和裂缝区直接与采空区沟通成为沟谷，上游洪水直接涌入井下的通道，严重威胁着矿井井下生产安全及地表设施安全；其次，与井下采空区沟通的地表塌陷及裂缝区会发生严重的漏风，使得井下通风极为困难，还可能引起采空区大范围煤层自燃，从而发生火灾；第三，沟坡位置的裂缝破坏区，在水的侵蚀冲刷作用下，将引发山体大范围滑移、滑坡和泥石流灾害，造成严重水土流失和环境破坏，给当地脆弱的生态环境带来更为严重的危害。

3）协调开发的影响因素分析

（1）油气开发对煤炭开发的影响。

①油气开发影响煤炭开发平面布置。

从层位分布来看，油气和煤炭资源分布层位距离较远，工业化开发的煤炭多在 1000m 以浅，红河地区石油一般分布在 2000m 左右，天然气多分布在 2000m 以下，在开发层位上油气和煤炭不冲突；从平面分布上来看，油气与煤炭共同开发存在冲突。鄂尔多斯盆地很多油气田具有低压、低渗的特点，油气井和管网布置相对密集，油气勘探和开发钻井井距约为 0.6~2.0km。煤矿回采工作面宽度较大时可达几百米，推进长度可达几千米，由于油气钻井井位和管线下都无法布置煤矿回采工作面，因而油气开发会影响煤矿的开发方式、采区（盘区）准备、工作面布置等。

②油气开发给煤炭开发带来一定安全风险。

油气井中的介质大多易燃易爆，且天然气井压力较高（一般气井井筒压力可超过 20MPa），如果煤矿掘进过程中破坏了油气井筒，则可能引发矿井内火灾爆炸事故，对煤矿井下作业造成安全隐患。

（2）煤炭开发对油气开发的影响。

①煤矿采空区塌陷影响油气钻探和地面工程建设。

目前，煤矿采空区多采用垮落法处理，采空区下沉范围较广、下沉深度较大、垮落周期较长，严重影响油气田勘探开发，会直接导致油气可开发量大幅降低。以鄂尔多斯盆地旬邑 – 宜君石油探区为例，煤炭开发后形成的塌陷区无法实施地震物探、钻井作业，导致煤炭下部的石油和天然气资源无法探明和开发。

②煤炭开发对油气开发造成安全隐患。

煤矿采空区塌陷后，周围岩体发生移动变形，若油气井筒、管道设施在此区域，则会受到地层塌陷的影响，发生变形甚至破裂。另外，巷道掘进或采煤过程中，遇到地下油气设施可能会导致油气设施破坏或者发生机械事故。

综合上述分析可知，油气和煤炭资源重叠区域主要在北缘、北部、南部和西南缘 4 个区域，两种资源开发空间部署的合理性是两种资源协调开发过程的主要影响因素。

4. 煤层气与煤炭重叠区开发相互影响分析

1）煤层气和煤炭在勘探开发过程中的空间展布情况

（1）平面分布情况。

煤层气与煤炭相互影响突出的区域主要在东缘区域（Ⅲ类区域），重叠区面积较大。该区煤炭资源丰富，受构造抬升影响，煤层埋藏较浅；位于该区的神木 – 宜君地区是煤层气的主要富集区域。

（2）层位分布情况。

东缘区域煤炭主要分布层位为上古生界，矿层埋深 400~1000m，中生界煤层累计厚度可达 24m；石炭系 – 二叠系煤层累计厚度可达 14m 以上。煤层烃源岩包括上古生界石炭系 – 二叠系太原组、山西组滨海沼泽相沉积的煤层和中生界延安组河、湖沼泽相沉积的煤层。

2）煤层气资源开发的工程工艺

煤层气主要以吸附态存在于煤基质中，必须通过排水降压手段降低储层压力进行开发，煤层气开发与天然气开发类似，主要步骤包括：钻前工程，钻井，钻井测井，固井，测井，井底联通，压裂，装抽，采气，集输，中央处理厂处理，等等。开发关键技术包括下述几个方面：

（1）钻井。

目前开发煤层气的钻井技术主要有钻常规直井、钻丛式井和钻多分支水平井，衍生的新技术主要包括定向羽状分支水平井技术和空气欠平衡钻井技术。

（2）固井。

采用外管封隔器控制失水和自由水，平衡压力，然后使用膨胀水泥、触变水泥、非渗透水泥、发气水泥等固井，并在固井替浆过程中采用塞流顶替。

（3）完井。

开发煤层气常用的完井方式有裸眼完井、套管完井、套管裸眼完井、裸眼洞穴完井和水平井衬管完井 5 种。其中，以套管完井和裸眼洞穴完井为主。

3）协调开发的影响因素分析

（1）煤层气开发对煤炭开发的影响。

首先，煤层气开发会导致煤炭资源可采量减少。与天然气开发类似，煤层气开发时井距小、井网密，导致煤矿布置回采工作面难度增加，影响了煤矿的开发方式、采区（盘区）准备及工作面布置，因此，传统煤层气的地面钻采将对煤矿的后续开发造成很大影响。其次，煤层气开发过程也对煤矿开发造成了安全隐患。

（2）煤炭开发对煤层气的影响。

煤炭开发会导致煤层气资源可采量减少。煤炭与煤层气属于分布高度重叠的两种矿产，煤炭开发时，必然导致煤层气资源的采出。一直以来，煤矿以安全为目的抽采煤层气，使大量煤层气资源被直接排空，造成了煤层气资源的大量浪费。

综合上述分析可知，煤层气和煤炭两种资源开发空间部署是否合理以及开发时序是制约二者协调开发的主要影响因素。

第 2 节　“先煤炭后油气”开发模式

从开发时序方面分析，“先煤炭后油气”开发模式是在油气与煤炭重叠区内，煤炭开发先于油气开发的一种协调开发模式。主要可以分为以下几种形式：

（1）煤炭企业已取得采矿权或正在开发煤炭，此后，油气企业也相继取得了探矿权和采矿权，并在煤炭之下发现了油气。这种情况可能是由于多层矿证管理体制不协调导致的。由于煤炭企业取得采矿权早于油气企业，因而煤炭企业会先于油气企业进行开发。

（2）煤炭企业和油气企业在各自矿权范围内进行开发，但油气井及地面设施却布置在煤矿井田已开发的范围内。这种情况可能是由于信息化管理水平与技术标准滞后所导致的。

（3）煤炭企业已经将煤炭资源回采完毕，然后在煤炭之下发现了油气，这种情况下，煤炭的开发较早，煤炭开发后，再在地表塌陷区域布置油气井。

综合上述分析可知，“先煤炭后油气”开发模式就是在煤炭与油气重叠区内，煤炭资源的开发较早，油气资源开发滞后于煤炭开发的协调开发模式。

1. 影响油气开发的主要因素

在“先煤炭后油气”开发模式下，煤炭资源开发完毕后，可能出现工作面顶板裂隙萌生、发育、贯通，甚至顶板覆岩破断垮落，导致地表塌陷。这些现象对后期油气资源的开发会造成一定的影响，且主要是对油气井、集输管道及地面设施的影响。

为了保障油气井钻井过程、集输管道和地面设施铺设过程及后期生产过程的安全性，需要综合考虑多方面因素采取控制措施。这些因素主要包括坐标系转换、覆岩移动破坏、地表形态破坏、地表移动延续时间、钻井工艺、井漏等。

1）坐标系转换

我国目前使用的坐标系统，涉及北京54坐标系、西安80坐标系、地方独立坐标系等。坐标系的不统一，使得测量数据相互转换时可能存在很大误差。为了确定油气井的精确位置，钻井前，需要将煤炭企业使用的坐标系转换成油气企业使用的坐标系，这一过程中，主要涉及北京54坐标系和西安80坐标系之间的转换。

2）覆岩移动破坏

地层中煤体的开发必定会引起覆岩围岩应力的重新分布，应力分布集中会引起覆岩的运动和变形，从而导致覆岩的裂隙分布发生变化。

根据砌体梁理论对煤层开发后采场覆岩的移动规律提出了采场“横三区”“竖三带”的理论（图5-5），即沿回采工作面的推进方向，上覆岩层在移动时将经过煤壁支撑区、离层区和重新压实区；自上而下方向，岩层在移动时可分为垮落带、裂隙带和弯曲下沉带。实践经验表明，上覆岩层的岩性对各岩层的移动、变形和破断有很大的影响。

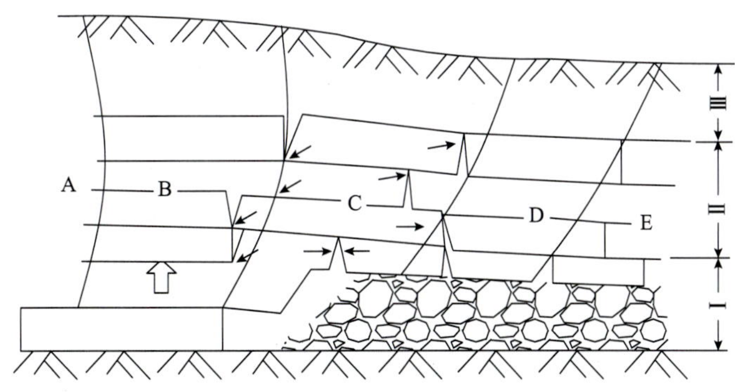

图5-5 采场上覆岩层移位与变形模型

A—原始应力区；B—煤壁支撑区；C—离层区；D—重新压实区；E—稳定区；
Ⅰ—垮落带；Ⅱ—裂隙带；Ⅲ—弯曲下沉带

根据理论分析和实践经验可知，“竖三带”理论是研究上覆岩层变形规律的主要依据。

垮落带在煤层的直接上方且在覆岩的最下层部位。垮落带的岩层变形主要以破断、下沉、挤压为主，垮落带通常位于开发煤层厚度的3~5倍以上的位置，这相当于直接顶，其载荷全部作用于支架上。该层岩块会破断成不规则、不整齐的排列状态，而且破断程度与距离煤层的高度为反相关关系。垮落带的变形过程大致可以分为 4 个过程：初始垮落过程、间接垮落过程、大面积垮落过程和地表下沉过程。

垮落带的岩层破坏程度是最大的，垮落的岩石还具有碎胀性，即在垮落后，其体积会比之前增大（因为跨落的岩石变成了松散状，岩石之间的空隙也变大了）。随着煤层直接顶的不断垮落，煤层采空范围会逐步被岩块充填，直到垮落带被完全填满导致垮落自行终止。

裂隙带位于垮落带上方，裂隙带的岩层变形主要以破断、回转、下沉、挤压为主，裂隙带通常位于煤层厚度的 10~30 倍以上的位置。裂隙带的破坏情况与垮落带有很大不同，虽然裂隙带的岩层也有裂隙或破断出现，但其分布有一定的规则性，破断岩层排列得规则有序，且具有明显的分带性。该现象产生原因有两种：①垂直于岩层的裂隙或破断是由于岩层向下弯曲在拉力作用下产生的；②垂直于岩层层理方向离层的裂隙是由于各岩层之间的结构不同、力学性能不同，导致受破坏程度不一样而造成的。此外，上覆岩层中的地下水和气体是经过裂隙带向下进入的，裂隙带岩层的破坏状态直接影响裂隙间的连通性。裂隙带岩层裂隙间连通性的好坏和开发分层数量正相关。

弯曲下沉带位于裂隙带上方，弯曲下沉带内上覆岩层仅出现缓慢下沉，覆岩层内主要以拉伸和挤压破坏为主，但不会出现裂隙。弯曲下沉带的高度一般位于煤层厚度 30 倍以上直到地表的位置。其覆岩岩层下沉缓慢，岩层整体性和岩层结构没有受到大的影响。该带内岩层的运动不仅有连续性而且有规则性，在自重压力下，弯曲下沉带垂直于岩层层面弯曲，但其各岩层的下沉高度是有限的。因此，该带岩层运动的最终结果是在地表形成下沉盆地。在煤层开发深度很大的情况下，裂隙带的高度要比弯曲下沉带的高度小得多。

煤层被采出后将会引起上覆岩层的移动和破断，进而在岩层中形成覆岩采动裂隙。根据关键层相关理论可得出以下的规律：沿着工作面的推进方向，关键层下方离层状态分布可形成两个阶段的发展规律，即关键层初次断裂前，最大离层位置处于采空区的中部；关键层初次断裂后，关键层在采空区的中部趋于压实，而在采空区的两边保持离层区，离层区的最大宽度和高度仅仅约为关键层初次断裂前离层的 1/3。沿着煤层顶板高度方向，随着工作面的推进，离层呈跳跃式自下往上发展。

后期进行油气资源开发时，如果油气井必须布设在煤矿采空区域内，结合大牛地气田油气井布置方案认为，可以将油气井布设在采空区域内的煤柱上；也可以预先在油气井四周采用注浆方法加固采空区（注浆的位置主要是垮落带和裂隙带），注浆完成之后再进行钻井。

3）地表破坏形态

在地下开发的影响下，地表移动与岩层移动是密切相关的。岩层移动是地表移动的动力和机理，为地表移动变形的描述提供依据；地表移动是岩层移动传播到地表的沉陷现象，反映了岩层移动的传播方式和移动状况。

（1）连续下沉盆地。

连续下沉盆地是在煤矿工作面的回采过程中形成的，在开发过程中，工作面的后方形成了采空区，由于上方顶板失去支撑，工作面上覆岩层将向采空区方向发生移动和变形，当工作面向前推进一定距离（推进距离约为开发深度的1/4~1/2）后，岩层移动将波及地表，使地表出现下沉（图5–6）。

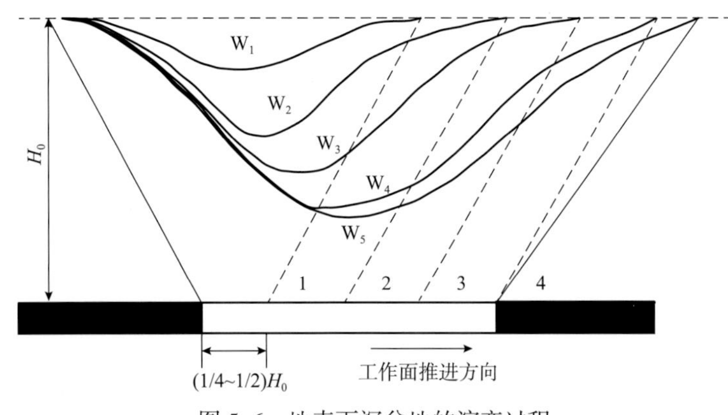

图5–6　地表下沉盆地的演变过程

在图5–6中，1、2、3、4分别代表工作面的回采推进位置，W_1、W_2、W_3、W_4代表相应工作面上方地表下沉盆地。地表下沉盆地的范围随着工作面向前推进而不断扩大，当工作面回采到停采线附近时，工作面回采完毕，但工作面上覆岩层及地表移动将经历一段时间后才能趋于稳定。稳定后，采空区上方地表将最终形成地表下沉盆地W_5，也称静态移动盆地。

在地表下沉盆地形成的过程中，其范围随着采空区的扩大而变大，但地表最大下沉值在采空区达到充分采动后将不再增大，并逐步形成具有平底的下沉盆地。在此过程中，可以将地表移动下沉盆地划分为3种类型：非充分采动下沉盆地，充分采动下沉盆地，超充分采动下沉盆地。

工作面回采初期，地表下沉值和下沉范围都随着采空区范围的变大而不断增大，但此时采空区尺寸小于该采矿地质条件下的临界尺寸，地表任意点的下沉值均小于该采矿地质条件下应有的最大下沉值，此时，地表盆地为非充分采动下沉盆地，形状为漏斗形。随着工作面继续向前回采，当地表移动盆地内只有一个点的下沉值达到该区域地质条件下的最大下沉值时，地表下沉盆地为充分采动（临界尺寸）下沉盆地，形状为一碗形。当工作面达到充分采动后，工作面继续向前推进，采空区尺寸继续变大，地表沉陷范围也会继续变大，但地表最大下沉量不再变化，且沉陷盆地内会有多个点达到最大下沉值，此时，地表下沉盆地为超充分采动下沉盆地，形状为具有平底的盆形。

（2）裂缝及台阶。

当开发深厚比较小且工作面上覆岩层运动剧烈时，在地表移动盆地外边缘拉伸区域可能产生裂缝。研究表明，裂缝的宽度和深度与有无第四系松散层及松散层的性质等有关。如果第四系松散层塑性较大，地表拉伸变形量超过 6~10mm/m 就会产生裂缝；如果松散层塑性较小，则地表拉伸变形达到 2~3mm/m 时就会产生裂缝（图 5-7）。

(a)动态拉伸型裂缝

(b)地表台阶状裂缝

(c)平行于采空区边界的裂缝

图 5-7 地表裂缝形态

（3）塌陷坑。

在倾斜和缓倾斜煤层的开发过程中，地表破坏的主要形式是裂缝；但在急倾斜煤层或某些特殊的地质采煤条件下，地表的破坏形式则以塌陷坑为主（图 5-8）。

图 5-8 沉陷区地表塌陷坑

在进行油气资源开发时，油气管道等地面设施铺设应尽量远离地表裂缝、塌陷坑等区域。

（4）地表移动延续时间。

煤炭工作面回采完毕后，采空区地表移动变形需要经过一定时间（T）才能稳定。地表移动延续时间（T）可以根据式（5-1）和式（5-2）进行计算。

当 $H_0 \leq 400\text{m}$ 时，有：

$$T=2.5H_0 \tag{5-1}$$

当 $H_0>400\text{m}$ 时，有：

$$T=1000\exp\left(1-\frac{400}{H_0}\right) \tag{5-2}$$

式中，H_0 为工作面的平均开发深度，m；T 为地表移动延续时间，d。

为了保证油气井及地面设施的安全，可以对 T 进行修正：

$$T'=K\cdot 2.5H_0$$

$$T'=K\cdot 1000\exp\left(1-\frac{400}{H_0}\right) \tag{5-3}$$

式中，K 为安全系数，$K>1$。

工作面回采完毕一定时间（T'）后，可以在开发交叉区域内根据油气开发规划布置油气井及地面设施。

（5）钻井工艺。

以大牛地 DPT-65 井为例，说明大牛地气田钻井工艺。

一开用 Φ311.2mm 钻头钻至 401m，下 Φ244.5mm 套管封固第四系黄土层和白垩系及侏罗系中上部砂泥岩互层易漏、易垮塌层。一开钻深尽量满足测井一次对接的需要。

二开导眼采用 Φ222.3mm 钻头钻至导眼井底 3100.39m，测井结束后打水泥塞回填侧钻，侧钻点深度为 2931.62m，现场也可以根据实钻情况对水泥塞井段进行调整，从而满足施工要求。二开主井眼采用 Φ222.3mm 钻头侧钻至 A 靶点，下 Φ177.8mm 技术套管固井，为三开水平段安全施工提供有利条件，降低水平段施工风险。由于技术套管中存在气层，因此，固井时按生产套管固井实施，采用一次注双凝水泥浆体系全井封固固井工艺。尾浆返至油气层顶界以上 300.00m 处，低密度水泥浆返至井口。

三开水平段采用 Φ152.4mm 钻头钻至 B 靶点，井身结构与套管程序设计如图 5-9、表 5-1 所示。

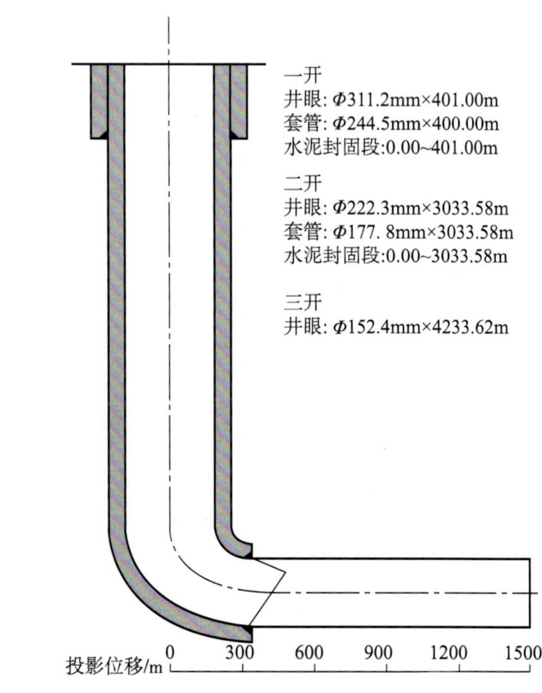

图 5-9 DPT-65 井井身结构示意图

表 5-1　井身结构与套管程序设计数据

开钻程序		井眼尺寸 × 井深	套管尺寸 × 下深	水泥返高
一开		Φ311.2mm × 401m	Φ244.5mm × 400m	地面
二开	导眼	Φ222.3mm × 3100.39m	水泥塞段：2931.62~3100.39m	
	主井眼	Φ222.3mm × 3033.58m	Φ177.8mm × 3033.58m	地面
三开		Φ152.4mm × 4233.62m	裸眼完井	

加强地层对比，经地质确认进入 A 靶点后实施着陆及水平井段至 B 靶点。

由于后期钻井会在采空区内进行，所以要对以泥浆循环方式钻井开发油气的工艺进行优化。

（6）井漏。

井漏是钻井施工中经常发生的情况，轻微的井漏会导致钻井作业中断，严重的井漏处理过程会浪费大量的人力、物力；如果井漏处理不当或者不及时，还会诱发井塌、井喷、卡钻等事故，甚至导致部分井眼或全部井段报废。

由于采空区上覆岩层发生了移动破坏，结合现场情况，油气井钻遇煤矿采空区时（图 5-10），会遇到一些问题：①钻井液、固井水泥等工作流体进入巷道，全部漏失且用量成倍增长，对钻井过程产生重大影响，使部分油气难以采出或增加开发成本；②钻井岩屑不能及时上返，导致钻进缓慢；③表层固井质量不好，二开后反复漏失，需多次停钻固井，且效果不理想。

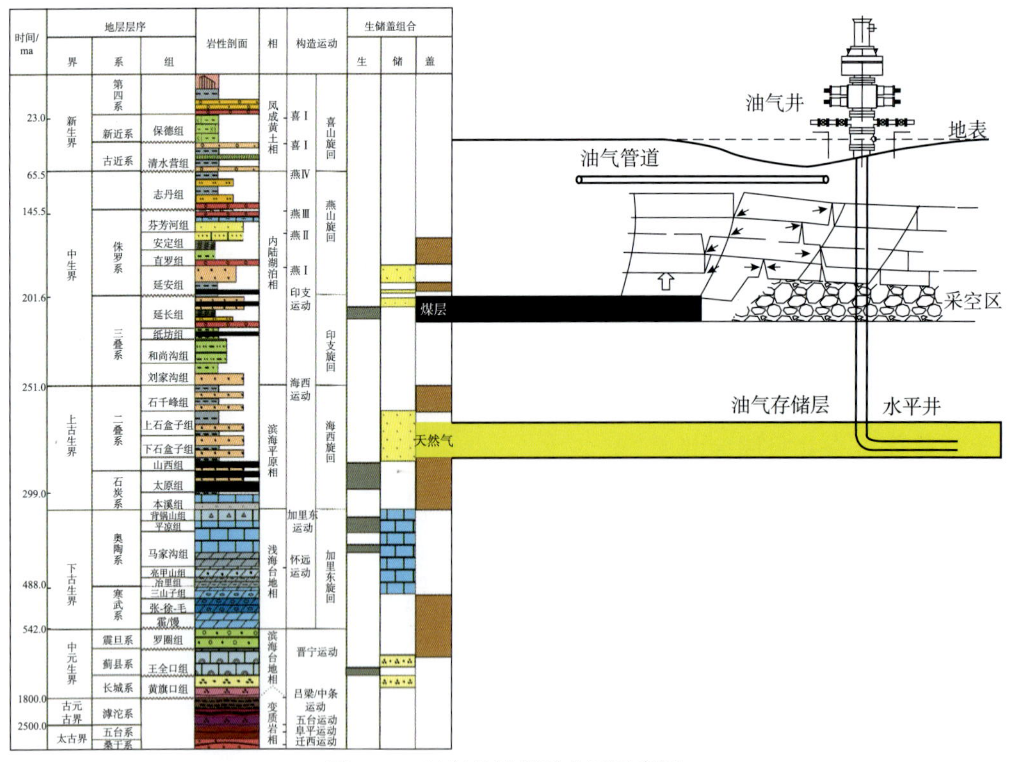

图 5-10　油气井钻穿采空区示意图

2. 技术措施

1）优化钻井工艺

由于钻井钻遇采空区时会降低钻进速度，通过对钻进缓慢的原因进行分析发现，钻遇采空区时，将大量的时间和财力花费在了如何堵漏上。通过在实践中反复试验、摸索，将工作思路由“如何堵漏”转变为如何“少漏或不漏”，尽量缩短非生产时间，从而较好地解决了煤炭采空区油气开发的经济性问题。

以子长油田为例，分析煤炭采空区定向井钻井工艺优化措施。

（1）表层段。

上部采用 Φ311mm 钻头钻进。开钻前备足清水，钻穿第一层采空区后起钻，将 Φ311mm 钻头换成 Φ222.2mm 钻头。采用相对较小的钻头钻进，减少井眼环空，从而有效节省用水，便于岩屑上返，提高了钻速。钻穿第二层采空区 20m 后，再换成 Φ311mm 钻头扩孔至井底，下入 Φ244.5mm 表层套管固井。

（2）直井段。

为避免常规钻井工艺容易将水泥环损坏的情况，采用井下动力钻具组合技术代替转盘转动钻进工艺，钻具组合为：Φ216mm 钻头 + 直螺杆（直接头）+Φ159mm 无磁钻铤（1 根）+Φ159mm 钻铤（8 根）+Φ217mm 钻杆。从二开钻进开始至完井，禁止使用转盘，起下钻具采用棕绳卸扣。

（3）定向段。

仍然采用井下动力钻具组合技术代替转盘转动钻井工艺，钻至井底。延长组地层以砂岩和砂泥岩互层为主，地层普遍较软，钻进速度较快、增斜慢。造斜时先把井斜增大到一定角度，便于井眼轨迹控制。由于余家坪区第二层采空区位于基岩下 95~105m，故造斜点选在基岩下 135~145m 之间，控制段长不足 300m，靶点位移 120~140m。为了尽快增斜，现场一般先采用 1.5° 单弯螺杆，然后再使用 1.25° 单弯配合 1.5° 单弯螺杆进行井斜调节。钻具组合为：Φ216mm 钻头 +（1.25°~1.5°）单弯螺杆 +Φ159mm 无磁钻铤（1 根）+Φ159mm 钻铤（8 根）+Φ127mm 钻杆。

2）帷幕灌浆

帷幕灌浆是一种灌浆技术，该技术是用液压或气压将能凝固的浆液按设计的浓度通过特设的灌浆钻孔，压送到规定的岩土层中，填补岩土层中的裂缝或孔隙，旨在改善灌浆对象的物理力学性质，以满足各类工程的需要。按技术功能不同可以分为防渗注浆和加固注浆。

其中，施工机械的合理投入，是保证整个工程项目施工连续均衡，在规定的工期内优质、高效完成工作内容的关键因素。帷幕灌浆施工机械设备投入计划如表 5-2 所示。

表 5-2 帷幕灌浆主要施工机械设备

序号	设备名称	序号	设备名称
1	回转式钻机	8	立式双层搅拌机
2	空压机	9	灌浆自动记录仪
3	高压灌浆泵	10	测斜议
4	中压灌浆泵	11	潜水泵
5	砂浆泵	12	蓄浆桶
6	泥浆泵	13	电焊机
7	高速搅拌机	14	灌浆自动记录仪

帷幕灌浆施工工艺流程如图 5-11 所示。

（1）灌浆钻孔。

钻孔质量和灌浆效果紧密相关，钻孔进度是控制灌浆工程进度的重要因素，其质量必须符合灌浆技术规范中的相关规定。帷幕灌浆孔比较深，一般多采用回转式钻机（图 5-12）钻进，帷幕灌浆检查孔的数量可为灌浆总孔数的 10% 左右。

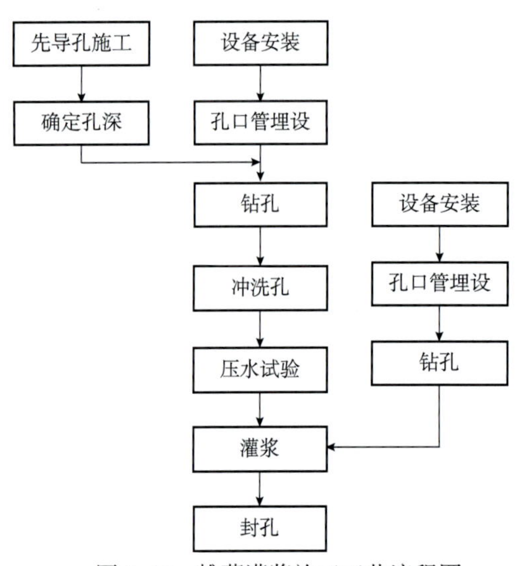

图 5-11 帷幕灌浆施工工艺流程图

图 5-12 回转式钻机

①孔深。

帷幕灌浆孔深要求达到岩层透水率为 5Lu 处，孔深应符合先导孔的深度和设计要求，实际孔位、孔深应有记录。

②孔径。

帷幕灌浆孔孔径不得小于 76mm。

③钻孔精度。

开孔孔位与设计位置的偏差应不大于 100mm，钻孔时全孔测斜，及时纠偏，超过规定值的应重新钻孔。钻孔的终孔深度应符合设计规定。对各项钻孔的实际深度、孔位、孔斜均应及时记录。垂直的帷幕灌浆孔的精度数据如表 5-3 所示。

表 5–3 钻孔精度表

孔深 /m	20	30	40	50
允许偏差 /m	0.25	0.45	0.70	1.0

（2）钻孔取心和岩心试验。

①灌浆检查孔应钻取岩心。

②对钻取的岩心进行试验，并将试验记录和成果作为验收文件。

③对取心样应进行系统管理和有效保存。

（3）钻孔冲洗。

钻孔至设计深度后，对孔深和孔底残留物进行检查，孔底沉积厚度不得超过20cm，不符合要求的，应及时处理。对钻孔孔壁与裂隙进行冲洗，直至回水干净并延续10min后再结束，冲洗水压力为灌浆压力的80%，且不大于1MPa。

灌浆孔冲洗后应立即连续进行灌浆作业。若因故中断超过24h，则应在灌浆前重新进行灌浆冲洗。

（4）压水试验。

帷幕灌孔时，每隔16m应选孔自上而下分段进行压水试验，压水试验可以采用单点法或五点法。压水试验可以检查岩石条件。灌浆先导孔和检查孔必须逐个进行正规压水试验。各普通灌浆段在灌浆前应进行简易压水试验，简易压水试验可以结合裂隙冲洗进行，压力为灌浆压力的80%，且不大于1MPa，压水时间为20min，每5min测读一次压入流量，取最后流量读数值作为压入流量结果。

可以通过下式计算透水率（q）：

$$q=\frac{Q}{p \cdot L} \tag{5-4}$$

式中，q 为透水率，Lu；Q 为压入流量，L/min；p 为作用于试段内的全压力，MPa；L 为试段长度，m。

（5）灌浆。

①灌浆材料。

常用灌浆材料为水泥和水。

②灌浆方法。

采用孔口封闭循环式自上而下分段灌浆的方法。先在孔口第一段2m处、第二段3m处，以及第三段以下的每段5m处理孔口管。灌浆压力必须通过灌浆试验确定。初步拟定第一段的灌浆压力为0.5MPa，第二段为1.0MPa，第三段以下每段增加0.5MPa。

帷幕灌浆时，在地质条件复杂、有断层及破碎带的地区灌浆后要待凝，待凝时间根据实际情况确定。灌浆时，应将灌浆塞塞在已灌段段底以上0.5m处，以防漏灌。

③灌浆压力。

帷幕灌浆压力随着基岩性质及灌浆孔位的不同而变化，因此，灌浆压力须在灌浆试验时确定。灌浆时，灌浆压力应尽快达到规定的极限值，对于接触段和注入率大的孔段应采用分段升压的方法；灌浆过程中，不允许降压，必须确保在规定的恒压下连续灌浆。

④灌浆结束标准。

在规定的设计压力下，当注入率不大于 0.4L/min 时，持续灌注 60min；或当注入率不大于 1L/min 时，持续灌注 90min，然后灌浆可以结束。

（6）封孔。

全孔灌浆结束后，监理工程师及时进行验收，验收合格的灌浆孔才能进行封孔。封孔应采用分段压力灌浆封孔法，封孔灌浆压力采用最后一段帷幕灌浆的压力。

为了保障油气井安全钻井，采用帷幕灌浆法进行加固处理，为了掌握地面钻孔灌浆对油气井的动态影响，及时指导灌浆工作的顺利进行，为评价帷幕灌浆效果提供资料，可以在油气井口灌浆影响范围内布设移动变形观测站。

在灌浆加固工程的整个过程中，不仅要对井筒进行安全性监测，而且对周围环境的变化也要进行观测，及时处理可能发生的问题，做到信息化施工，确保灌浆加固工程的顺利进行。

（7）煤柱区灌浆。

煤柱主要包括井田边界煤柱和区段煤柱。井田边界煤柱宽度大，比较稳定，一般不需要灌浆。区段煤柱经历顺槽掘进、上区段工作面回采和下区段工作面回采 3 个阶段，区段煤柱在工作面回采前，承受上覆岩层均匀分布的压力，能够保持自稳状态；工作面回采后，区段煤柱受到开发的扰动和关键块体回转的影响，形成侧向支承压力，使煤柱出现应力集中现象，从煤柱边缘到中央依次出现压裂松动区、塑性破坏区、弹性核区，为了保证油气井的稳定，需要对煤柱进行灌浆。

灌浆孔及变形观测线布置方式如图 5-13 所示。

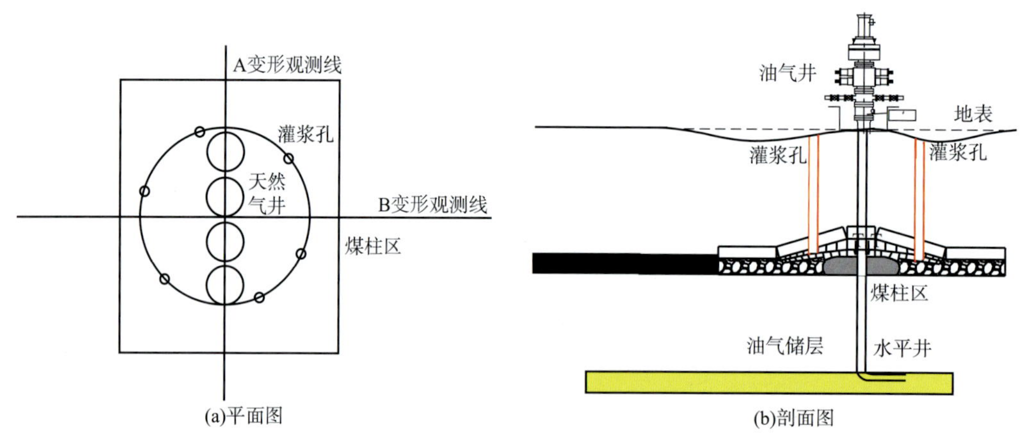

图 5-13　煤柱区灌浆孔及变形观测线布置示意图

（8）采空区灌浆。

煤层采出后，采动影响范围内的岩层向采空区移动，当覆岩足够厚时，根据变形类型、破坏程度的不同，采空区上覆岩层自下向上将形成“竖三带”，即垮落带、裂隙带和弯曲下沉带。垮落带内，破碎岩石无序堆积，当碎胀岩石填满采出空间后，上方裂隙带内岩层主要发生弯曲、断裂、下沉，岩层间存在剪切滑移和垂向离层，岩层内发育大量的横向裂隙和纵向裂隙；再向上的弯曲下沉带内，岩层内仅出现少量横向裂隙和纵向裂隙，且大部分集中在采动影响线附近。灌浆位置主要集中在垮落带内。

灌浆孔及变形观测线布置方式如图 5-14 所示。

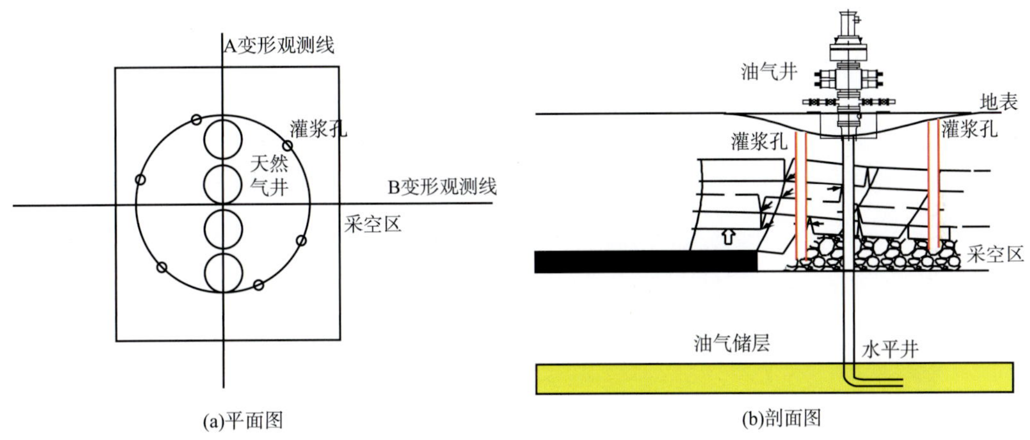

图 5-14　采空区灌浆孔及变形观测线布置示意图

3）充填开发

充填开发技术是煤炭绿色开发体系的重要组成部分，该技术不仅可以有效控制覆岩移动变形及地表沉陷，还可以充分利用煤炭开发和洗选加工过程中产生的固体废料，从而保护矿区生态环境。

按充填量和充填范围占采出煤层的比例，充填方式又可分为：全部充填与部分充填。全部充填即在煤层采出后、顶板未冒落前，对所有采空区域进行充填，充填量和充填范围与采出煤量大体一致，它完全靠采空区充填体支撑上覆岩层控制开发沉陷。部分充填是相对全部充填而言的，其充填量和充填范围仅是采出煤量的一部分，它仅对采空区的局部或离层区与冒落区进行充填，靠覆岩关键层结构、充填体及部分煤柱共同支撑覆岩，从而控制开发沉陷。全部充填的位置只能是采空区，而部分充填的位置可以是采空区、离层区或冒落区。

煤矿充填开发方法根据充填量、充填位置、充填动力和充填材料等，可以分为不同的类型。具体分类如图 5-15 所示。

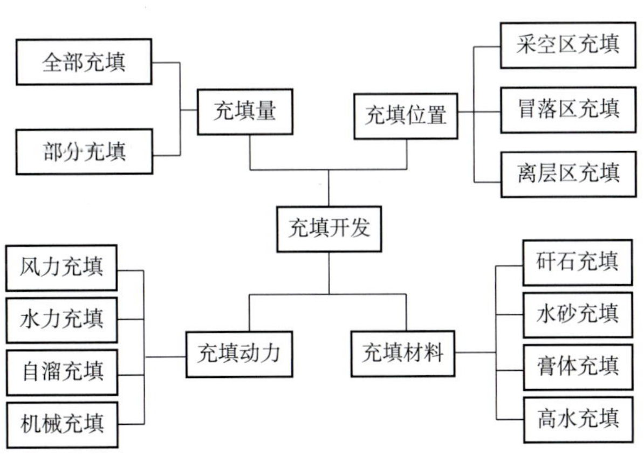

图 5-15　煤矿充填开发方法分类

充填开发法属于人工支护采煤法。该方法是随着采煤工作面的推进，向采空区送入矸石、沙石、膏体等充填材料，并在充填体保护下进行采煤的技术，充填系统如图5-16所示。

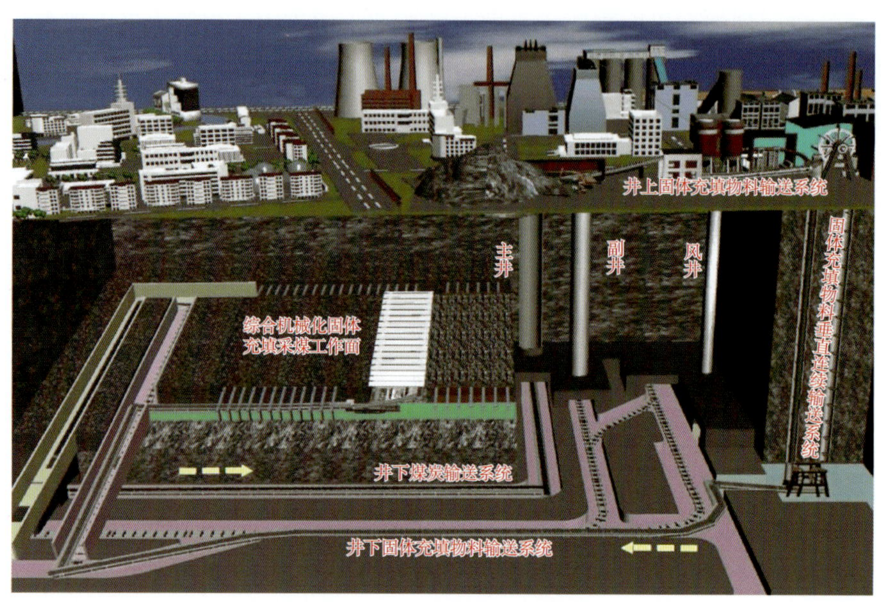

图5-16　充填系统示意图

充填开发引起的地表沉陷与垮落式开发存在很大的差异，一般不会像传统的垮落式开发那样形成“竖三带”。该方法在顶板尚未垮落前，从采场外部运来充填材料充入采空区形成充填体，完全靠采空区充填体阻止顶板破坏垮落，可以减少上覆岩层破碎，使其不垮落或减小垮落带。充填后，上覆岩层可能只出现裂隙和弯曲，甚至只出现弯曲变形。

充填开发可以防止油气井钻井出现井漏事故，从而保证油气井的稳定性（图5-17）。

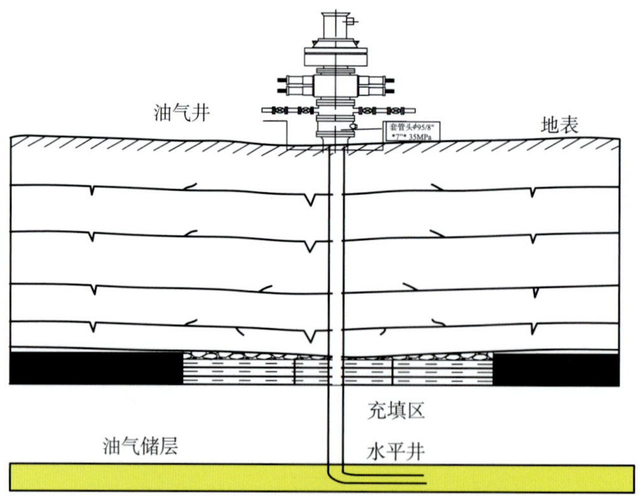

图5-17　油气井钻穿充填区示意图

4）条带开发冒落区灌浆充填开发技术

条带开发和充填开发既是建筑物下压煤开发的常用技术途径，又是煤矿绿色开发技术体系的重要组成部分。但由于前者回收率较低，后者成本高、工艺复杂，因而两种工艺在煤矿开发中的应用会受到限制。为此，组合两者优点，基于关键层理论和煤矿绿色开发理念，提出了条带开发冒落区灌浆充填开发技术。其中，条带开发是将要开发的煤层区域划分为比较正规的条带形状，开发一条，留一条，具体如图5–18所示。

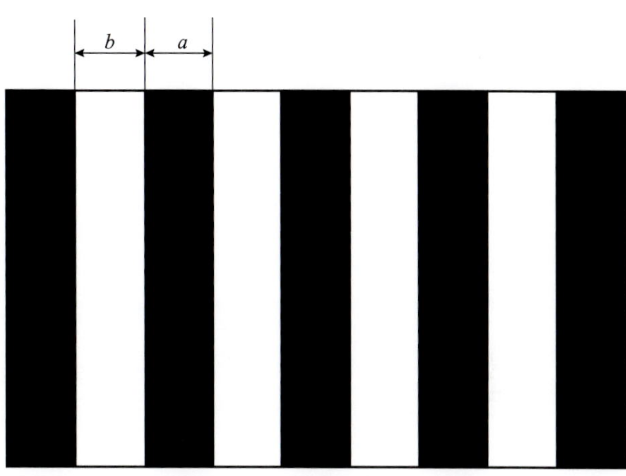

图5–18　条带开发布置示意图

条带开发冒落区灌浆充填开发的一般方案如图5–19所示。开发范围内沿煤层走向或倾向划分一定尺寸的条带，采出一条，保留一条，采出条带与保留条带相间排列；将冒落矸石作为充填粗集料，从地表或井下钻孔向采出条带已经冒落的采空区灌浆充填，使之在相邻单元条带尚未开发之前，充满整个冒落空间。

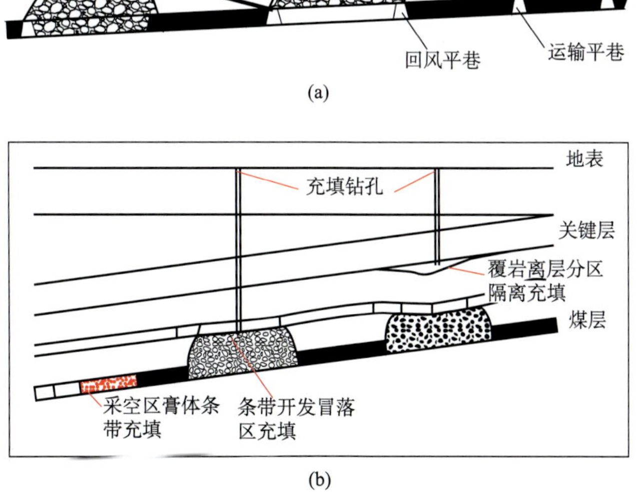

图5–19　条带开发冒落区灌浆充填开发采场剖面示意图

（1）条带开发冒落区灌浆充填技术方案的设计方法。

首先分析“充填置换当量”这一概念，即地面变形在一定等级条件下，充填置换煤炭体积与充填料体积的比值。充填置换当量（d）的计算方式如下：

$$d=\frac{V_r-V_0}{V_b} \quad (5\text{-}5)$$

式中，V_b 为充填料体积；V_0 为保留支撑煤柱法采出的煤炭体积；V_r 为灌浆充填法采出的煤炭体积。

由式（5-5）可知，在保持地面破坏等级不变的条件下，d 越大，每充填 $1m^3$ 置换出的煤炭资源越多，充填置换煤炭效果越好。

由式（5-5）可以得到式（5-6）：

$$d=\frac{1}{r}\left(1-\frac{c_0}{c_r}\right) \quad (5\text{-}6)$$

式中，r 为充填率，即表示充填量或井下采空区充填程度的指标，$r=\frac{V_b}{V_r}$；c_r 为灌浆充填法的煤炭采出率，$c_r=\frac{V_r}{V}$；c_0 为支撑煤柱开发法的煤炭采出率，$c_0=\frac{V_0}{V}$，其中，V 为煤层总体积。

式（5-6）揭示了在一定地面变形条件下，充填量和煤炭采出量的关系，可以作为充填效果的评价模型。

因此，条带开发冒落区灌浆充填开发技术方案的设计思路就是设法求算充填置换当量（d）。

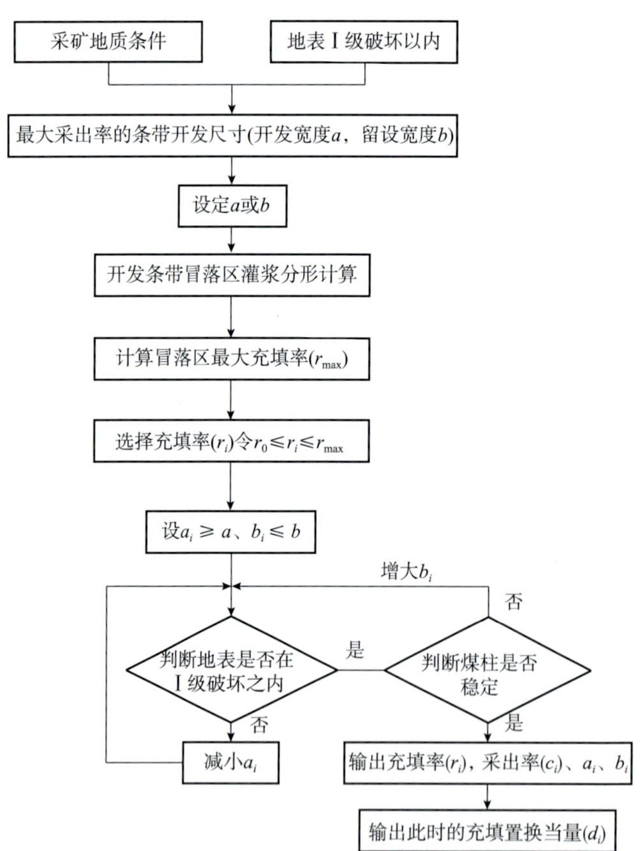

图 5-20　条带开发冒落区灌浆充填开发技术方案设计思路

条带开发冒落区灌浆充填开发技术方案的设计思路，如图 5-20 所示，具体步骤为：①依据矿区具体的采矿地质条件，在保证地表Ⅰ级破坏以内的条件下，设计出采出率最大的条带开发尺寸，设开发宽度为 a，留设宽度为 b；②根据顶板覆岩和开发参数，运用冒落区空隙分形理论确定条带冒落区的最大充填率（r_{max}）；③结合充填工艺和采矿条件，选择不同的充填率（r_i），令 $0 \leq r_i \leq r_{max}$，调整条带的 a_i 和 b_i，通过程序进行地表沉陷数值模拟预计，直到满足采出率最大为止；④根据式（5-6）求出充填减换当量（d_i）。⑤ d_i 对应的 a_i、b_i 和 r_i 就是最优的条带开发冒落区充填设计方案相关参数；⑥对最优方案进行煤柱稳定性检验。

（2）控制岩层移动变形。

根据关键层理论可知，主关键层对地表移动的动态过程起控制作用，主关键层的破断将导致地表快速下沉。因此，关键层－煤柱－冒矸灌浆充填体组成的共同结构中，只要覆岩主关键层不破断，保持稳定，就可以控制岩层移动和地面变形。

条带开发冒落区灌浆充填开发技术就是在建（构）筑物压煤条带开发的情况下，通过地面或井下钻孔向采出条带已冒落采空区的破碎矸石进行灌浆充填，充填破碎矸石空隙，加固破碎岩石，使采出条带冒落区重新起到承载作用，有效减轻留设煤柱及其上方一定范围内岩柱上所承受的压力，使煤岩柱的压缩变形减小，从而减缓覆岩移动向地表的传播。同时，利用冒矸灌浆充填体分担煤柱的部分压力，与煤柱共同支承关键层，以缩短留设宽度或扩大开发宽度，从而达到提高资源回采率的目的，并实现覆岩主关键层不破断且保持长期稳定。

条带开发冒落区灌浆充填开发技术的实施可以防止油气井钻井时出现井漏事故，从而保证油气井的稳定性（图 5–21）。

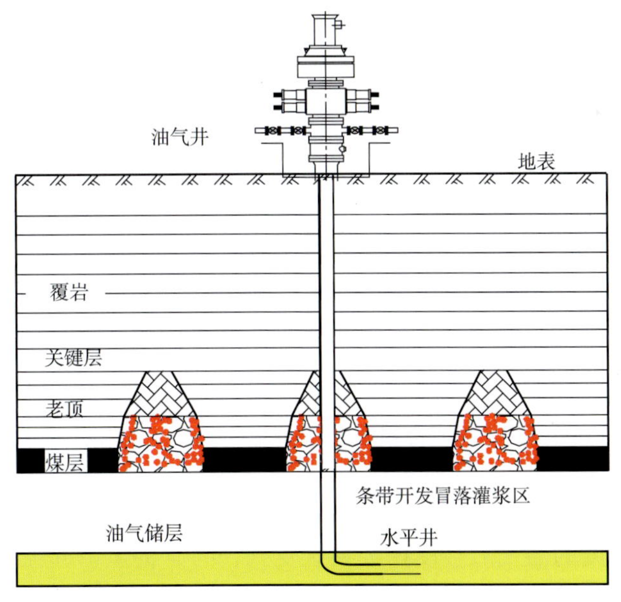

图 5–21　油气井钻穿条带开发冒落灌浆区示意图

第 3 节　“先油气后煤炭”开发模式

“先油气后煤炭”开发模式从开发时序方面分析，是在油气与煤炭开发重叠区内，油气开发先于煤炭开发的协调开发模式。主要形式可以分为以下几种：

（1）油气企业已取得采矿权或正在开发油气，此后，煤炭企业也相继取得了探矿权和采矿权，并在重叠区域内浅部发现了煤炭。这种情况可能是由于多层矿证管理体制不协调导致的。由于油气企业取得采矿权早于煤炭企业，油气企业会先于煤炭企业进行开发。

（2）油气企业和煤炭企业在各自矿权范围内进行开发，但油气井及地面设施却布置在煤矿井田内正在开发的范围内。这种情况可能是由于信息化管理水平与技术标准滞后所导致的。

（3）油气企业已经将油气资源开发完毕，然后在该区域浅部发现了煤炭。这种情况下，油气的开发较早，后期在开发煤炭资源时可能触碰到油气井。

综合上述分析可知，“先油气后煤炭”开发模式就是在煤炭与油气重叠区内，油气资源的开发较早，煤炭资源开发滞后于油气开发的协调开发模式。

1. 影响煤炭开发的主要因素

“先油气后煤炭”开发模式下，在油气资源开发完毕后，会遗留大量废弃井和部分地面集输管道。这些因素对后期煤炭资源的开发会造成一定的影响：如果在开发过程中对气钻孔位置存在误判，将其强行切割，则会带来严重安全隐患；钻孔废弃封堵时如果采用水泥砂浆全孔封闭技术，则在煤炭开发时可能发生漏气现象；废弃的钻孔裂缝可能会沟通上、下各含水层并对已有巷道造成影响。

为了保障煤炭开发过程的安全性，需要综合考虑多方面因素采取控制措施。这些因素主要包括坐标系转换、废弃油气井、地面集输管道等。

1）坐标系转换

我国目前使用的坐标系统，涉及北京 54 坐标系、西安 80 坐标系、地方独立坐标系等。坐标系的不统一，使得测量数据相互转换时可能存在很大误差。为了确定废弃井及地面集输管道井的精确位置，采掘前，需要将油气企业使用的坐标系转换成煤炭企业使用的坐标系，这一过程主要涉及北京 54 坐标系和西安 80 坐标系之间的转换。

2）地面集输管道

由于管道所输送的油气属于易燃、易爆、易挥发的危险品，且油气属于轻毒物质，人体吸入高浓度的油气后会使神经系统受到伤害，甚至引起强直性痉挛。常规材料的集输管网可伸缩量较小，结合地表移动破坏及其移动破坏对管道的影响可知，后期在进行煤炭回采时，可能导致处于沉陷区域内的油气管道破断，造成物理爆炸、人员中毒等重大安全事故。

为了不影响煤炭生产效率，可以通过研究新型管材来减小煤炭开发对油气管网的影响，使油气管道适应煤炭采空区一定程度的地表变形，这对于保障安全生产具有十分重要的意义。

3）废弃油气井

在油气开发过程中和开发完毕后会遗留大量废弃油气井（图 5-22），这些废井对重叠区域的煤矿设计开发带来了困难，会导致资源浪费；同时，会对油气井临近煤层的开发造成重大安全隐患。钻孔废弃封堵后，如果采用水泥砂浆全孔封闭技术，则采掘巷道一旦揭露油气井，则可能会发生漏气现象；废弃的钻孔裂缝可能会沟通上、下各含水层，并对已有巷道造成影响。以上因素严重制约着煤矿的安全、高效生产。

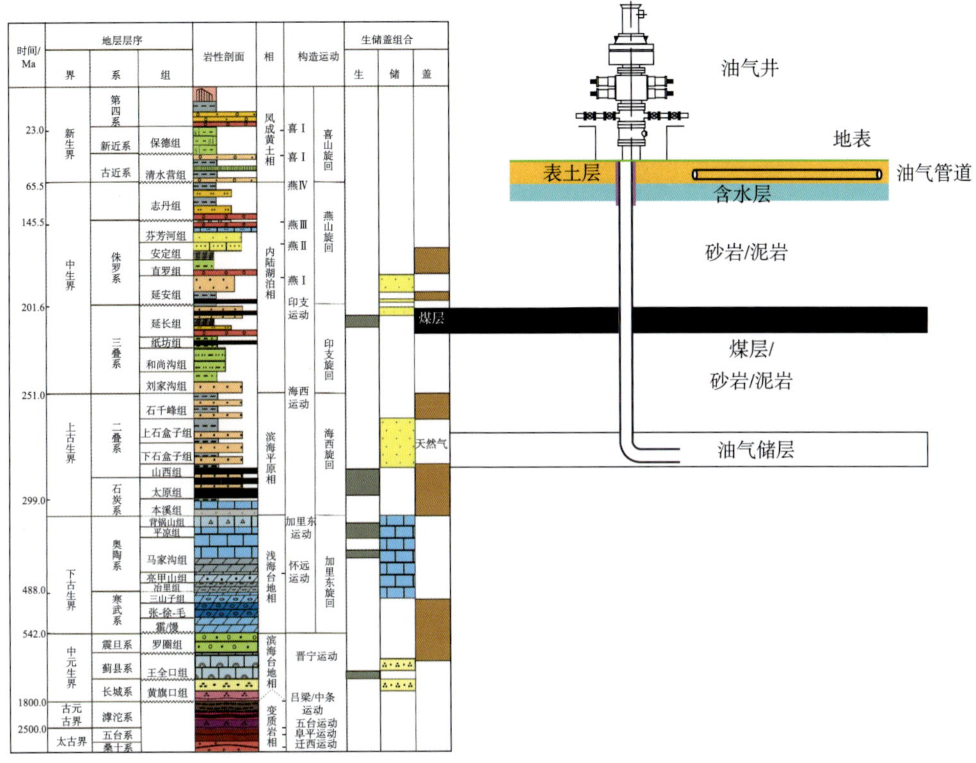

图 5-22 油气井钻穿煤层示意图

为了确保油气井周围煤炭资源的安全开发，需要采取相应措施，如封堵废弃油气井等。

2. 防护措施

1）封堵井筒

结合现场油气井的实际情况，准确判断废弃油井的具体位置并封堵井筒。该过程可采用裸眼井封堵施工工艺，其现场施工流程如图 5-23 所示。

具体施工流程如下：

（1）裸眼井表层套管加固。

（2）裸眼井通井，并对油气井井壁坍塌情况进行评估。

（3）测井，确定井下是否有导通高压水层和油气层。

（4）油井底部用高分子凝胶封堵，油气井中部及上部井口分别使用油气井水泥和普通水泥封堵至地面。

（5）煤矿井下正常开发。

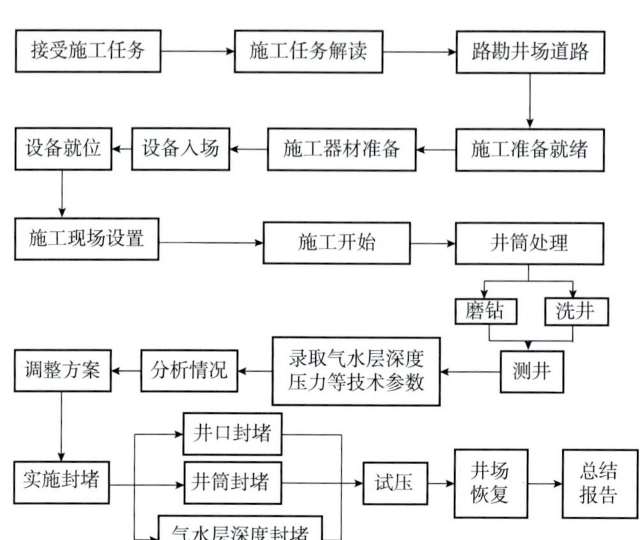

图 5-23　封堵井筒现场施工流程

2）探放水

在地下油气井周围进行巷道掘进和工作面回采时，为防止封堵油气井周围的水及油气等涌入巷道或工作面，造成重大安全生产事故，需要对施工钻孔进行预防水，确保安全后再进行掘进或回采，钻孔布置如图 5-24 所示。

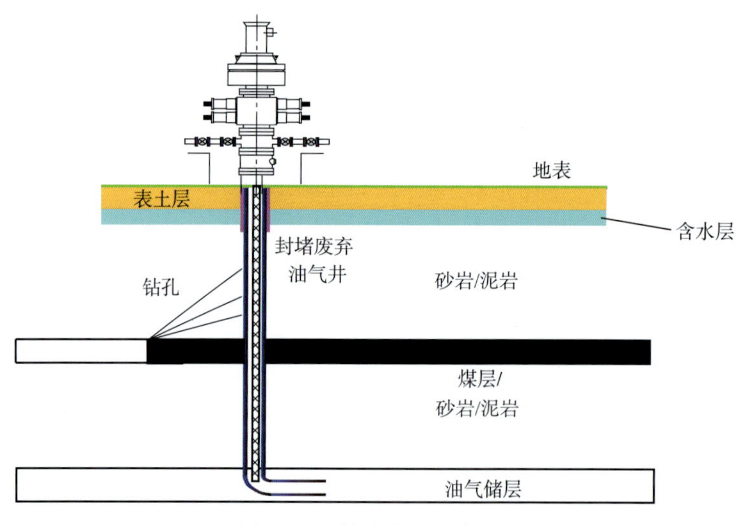

图 5-24　钻孔布置示意图

主要施工流程如下：

设计废弃油气井临近煤层采掘工作面探放水方案→探放水钻场施工→在钻场内进行探放水钻孔施工→记录钻孔钻进过程中的岩性变化→记录见废弃油气井现象并测量其水量→测定终孔的水压、水量→成孔后进行动态监测并记录钻孔水量变化→有选择性地透孔，或选择有代表性的校验孔进行探放水效果检验→注浆封孔→制定探放水钻场安全技术措施方案。

在施工钻孔的过程中，必须遵守以下安全措施：

（1）钻工必须经过培训后持证上岗，提前学习作业规程，掌握钻孔探查的设计内容。

（2）要有专人对钻场附近的顶板进行检查维护，避免发生冒顶事故。钻场附近要安设电话。

（3）运输、安装钻机的人员，要互相配合好，防止钻机翻倒伤人。

（4）钻场在稳钻前，应清除浮煤。钻场巷道支护操作要符合质量要求，禁止出现空帮、空顶现象。钻机要稳牢、稳平，底座上垫底梁木，钻机稳固在底梁木上，四角要打好立柱，并用铁丝连在一起。将钻机稳定牢固后，方可开钻。钻具应统一放在钻场内，禁止在巷道内乱放。

（5）钻孔施工期间，必须在钻场内悬挂瓦斯便携仪，并有专职瓦斯检查员随时检查钻孔、钻场瓦斯，发现异常情况，按照停电、撤人、汇报的程序依次处理。

（6）启闭开关时，精力要集中，做到手不离按钮、眼不离钻机，随时观察和听从司机命令，准确、及时、迅速地启动和关闭开关。

（7）每班开钻前，钻机要先试正、反转。钻机开始运转后，任何人不得触摸钻杆及机器旋转部位，防止钻机伤人。

（8）操作钻机时要严格遵守操作规程。在钻进时，掌握好钻进速度，压力要适当，注意孔内水循环，无论钻进还是退钻杆都必须带水，禁止干钻。

（9）钻进过程中，要严格执行现场交接班制度，现场交代清楚孔内情况和钻机运转情况。钻进时，发现煤岩松软、片帮、来压或钻孔中的水压、水量突然增大，以及有顶钻等异常情况时，必须停止钻进，但不得拔出钻杆。现场负责人员应立即向调度室报告，并派人监测水情。如果出现危急情况，必须立即撤出所有受水威胁地区的人员，然后采取措施进行处理。

3）充填开发

充填开发，在顶板尚未冒落之前，用充填材料来充填采空区，可以避免上覆岩层垮落或减小垮落带，减少地表的移动变形程度，进而保护遗留在煤矿采空区地表的油气管道，确保后期煤矿安全回采（图5-25）。

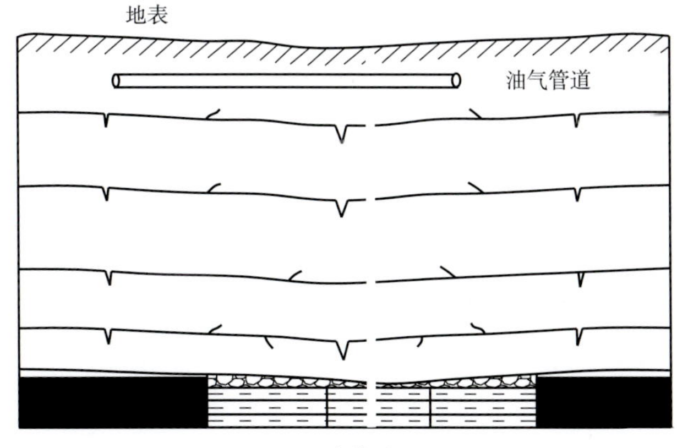

图5-25 充填开发情况下油气管道布置示意图

4）条带开发

作为一种特殊的采煤方法，条带开发有其自身的优缺点。其最突出的优点是可以在不改变采煤工艺的前提下，较大程度地减小地表下沉，在无法采取其他措施的情况下采出部分建筑物下压煤；而其主要缺点是回采率低、资源损失严重，且生产效益较低。

条带开发是将要开发的煤层区域划分为比较正规的条带形状，采一条，留一条（图 5–26），为保证条带开发后地表出现单一平缓的下沉盆地，避免地面出现波浪形起伏，采出条带宽度（b）一般为采深的 1/10~1/4，保留条带应有足够的稳定性和强度，以便采用保留下来的条带煤柱支撑上覆岩层，从而有效控制上覆岩层，使地表只发生轻微的、均匀的移动和变形，达到既回收一部分煤炭资源，又能控制地表沉陷的目的。

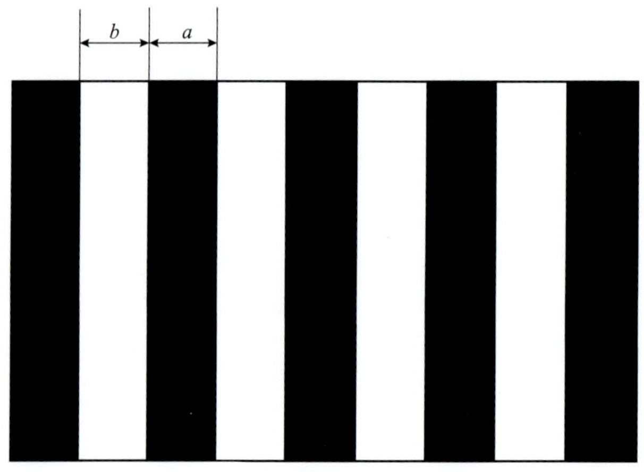

图 5–26　条带开发布置示意图

理论分析和实践经验已表明，条带开发在不需要增加或较少增加生产成本的前提下，能有效地控制上覆岩层和地表沉陷，保护地面建（构）筑物，有利于安全生产。此外，还可以保护遗留在煤矿采空区地表的油气管道，确保后期煤矿安全回采（图 5–27）。

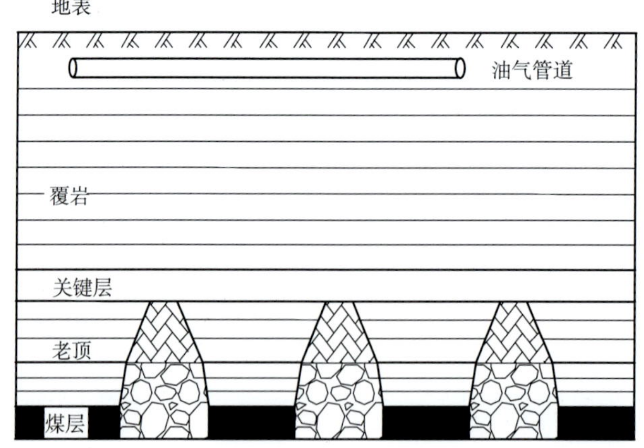

图 5–27　条带开发模式下油气管道布置示意图

第 4 节　油气、煤炭交叉协调开发模式

油气和煤炭交叉协调开发模式是指在油气与煤炭开发重叠区，结合两种资源的勘探规划，相互协调，在时间上同步开发油气和煤炭资源。

油气和煤炭交叉协调开发是一项系统工程，油气企业和煤炭企业可以按照“时间同步、空间划开、安全第一、相互协调”的原则，加强顶层设计，相互协调，利用空间的相互错位来避免地表土地使用权的交叉，并可以共用部分道路等基础设施。该协调开发模式的核心是要避免地面使用权和地下通过权的冲突，力求保证双方企业的开发范围。

1. 协调开发基本原则

1）建立会商制度

建立由地方政府、煤炭企和油气企业共同参加的安全生产联络机构，负责协调落实安全避让、勘察开发资料保密等工作，解决生产过程中相互影响的具体问题。

2）建立资料交换制度及平台

由于煤炭和油气开发管理分属不同的部门和企业，各自具有不同的管理平台和数据库，资料不能共享。因此，油气企业与煤炭企业应提前交换工程资料及勘察开发规划。还应建设数字化平台，将煤炭与油气协调开发所需数据（如井田开拓方式、开拓开发计划、煤炭资源勘探资料、采空区位置、天然气钻孔位置、钻孔揭露煤系地层资料、地面管网分布、钻孔与管网服务时间等）汇总起来，建立起统一、共享的数字化平台和数据库。并确保平台及数据库能与煤炭、油气开发现有的数据系统进行对接，实现数据自动更新和校正。通过建立共享平台和数据库，将为资源交叉协调开发提供详尽、准确、实时的资料。

3）建立开发方案对接平台

煤炭开发方案要与油气开发方案及时对接。在开发油气藏数字化平台时，应使其包含 5 个数据库（即地震信息库、地质信息库、测井信息库、生产数据库和试井数据库），使平台具有砂体解剖、地质模型构建、储量分类、储层评价、富集区优选、集群化井位部署优化等功能。在开发煤炭数字化平台时，应使其包含 4 个数据库（即地质信息库、规划方案库、生产信息库和地面设施库），使平台具有井田开拓方式提出、开拓开发计划制定、煤炭资源勘探资料分析、采空区位置记录、天然气钻孔位置记录、钻孔揭露煤系地层资料查询和应用、开发巷道信息记录、煤柱保护、井田边界和开发规划查询等功能。两个平台结合采油气管网和地面设施规划，可以实现不同作业主体间的信息交流和互换。

2. 协调开发技术路线

1）部署集群化丛式井组，减少占地面积

在井组部署方式、目标层系、井型组合、轨迹设计等方面拓宽思路，转变方式，充分利用动、静态资料，深化储层精细描述工作，复核地质储量，研究剩余储量及其分布，在富集区内进行“整体研究、整体规划、整体部署、整体开发、整体投运”。油气井控制的油气藏范围较大，一口常规井约可控制 $1km^2$ 的地下油气藏，一口水平井约可控制 $2km^2$ 的地下油气藏。通过改变过去一口单井一个井场的建设模式，改为丛式井组部署（图 5–28），可以使一个丛式井组控制 10~$16km^2$ 的地下油气藏。

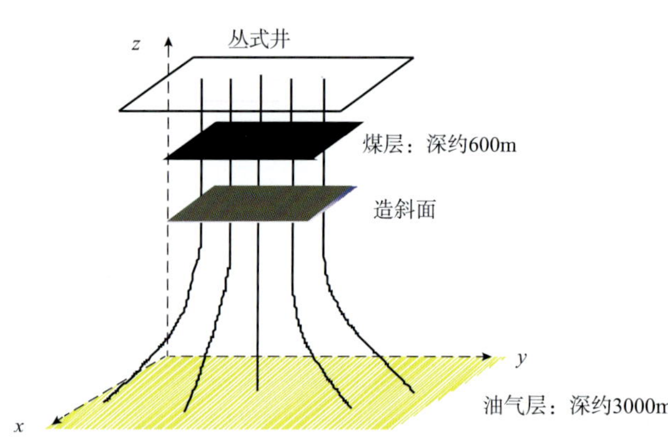

图 5–28 丛式井组部署示意图

2）工厂化作业提高时效性

工厂化作业最先应用于北美地区的非常规油气藏开发中，其主要目的是提高施工效率、降低作业成本，丛式井组工厂化作业是实现非常规油气资源效益开发的有效途径。在传统油气开发中，通常采用单井逐一压裂的组织方式，压裂试气设备需多次动迁，且需要大量的水资源，施工成本高、安全风险高、效率低，且地面使用面积大。工厂化作业是提高整体产能建设效率的关键，主要包括快速钻井、多层分压、流水线压裂、丛式井组采气 4 类关键技术，并可细分为大井组整体优化技术、三维水平井钻井技术、高效批量化钻井技术、混合水压裂设计、高效套管滑套分压技术、长效机制封隔分压技术、一体化集中供水技术、流水线压裂作业技术、标准化井场设计、多井型井下节流技术、多井集中自动加注技术、能量互补式生产技术等。施工组织是提高效率的主要方式，只有紧密衔接系统工程的每个环节，才能提高作业效率。此外，工厂化作业还可以减少地面使用面积。

3）地面工程标准化设计

在设计地面采气管线时，应充分考虑煤矿规划，到现场反复踏勘，并与煤炭企业沟通协商，优化场站位置和管线路由等，确保后期安全开发。通过油气井地面管网串接、装置撬装化、管理数字化，减少了地面集输工艺的配套对煤炭资源地表设施的影响，进一步缩短了油气藏建设和开发周期，为煤炭资源开发拓展了空间。

4）留设煤矿保护煤柱

在优化了钻井技术、场站位置及管线后，可以确定地面范围，为了保护油气井、场站及集输管道等重要构筑物，需要在井下留设保护煤柱，确保安全开发。

留设保护煤柱的实质是根据已掌握的地表移动变形规律，在煤层层面上圈定一个保护煤柱的边界，回采仅在该边界之外进行，使开发的影响不波及需要保护的范围（图 5-29）。

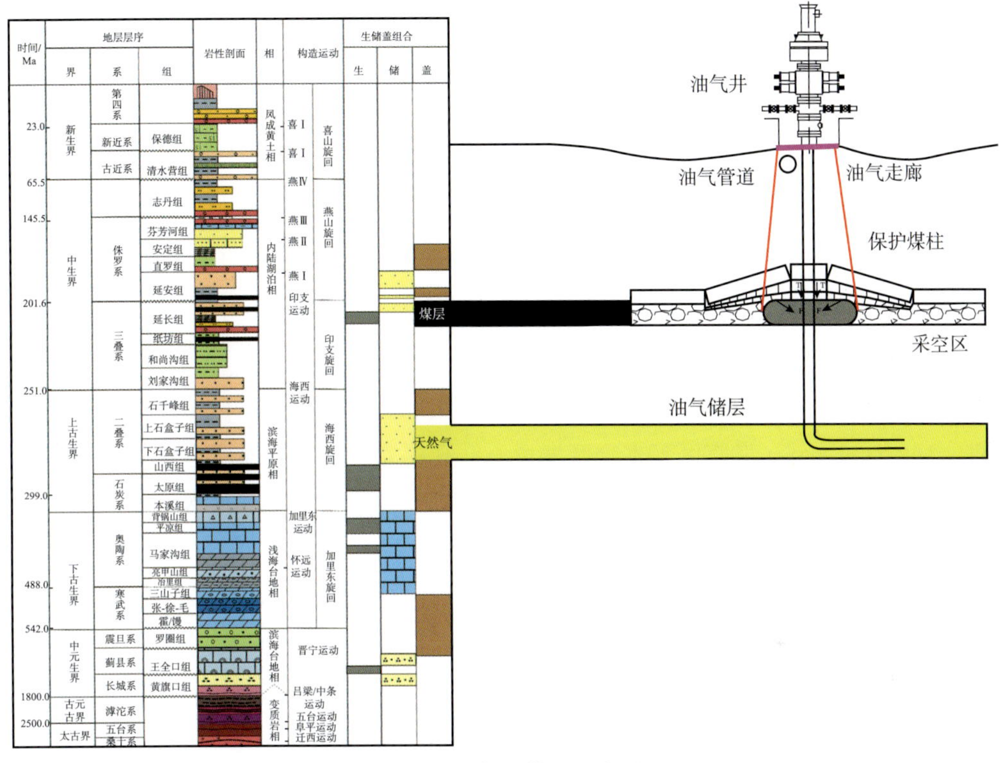

图 5-29 保护煤柱示意图

第 5 节 天然气、煤炭协调开发优化方案

1. 方案选区概况

1）地理位置

选取中国石化华北油气分公司大牛地气田和神华集团有限责任公司（以下简称神华集团）台格庙煤矿矿权重叠区为例，进行设计区优化分析（图 5-30）。

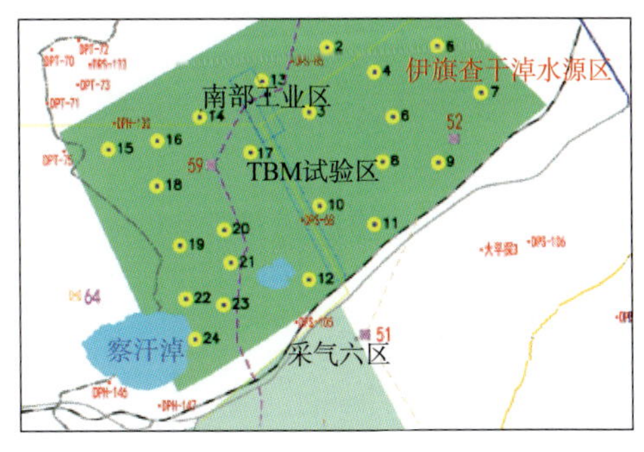

图 5-30 大牛地气田 - 台格庙煤矿协调开发区

大牛地气田位于陕蒙交界地区，跨陕西省榆林市榆阳区、神木市及内蒙古自治区鄂尔多斯市伊金霍洛旗和乌审旗，面积共

$2003.07km^2$；台格庙煤矿位于鄂尔多斯市境内，跨伊金霍洛旗和乌审旗两个行政区，面积共 $771.0km^2$。大牛地气田与台格庙煤矿矿权重叠区位于大牛地气田西北部采气六区区域，台格庙煤矿南部的一号井及二号井东部，该区位于鄂尔多斯市，重叠面积约 $252.94km^2$。

2）资源赋存和储量情况

目前，大牛地气田与煤矿重叠区探明储量 $3075.4\times10^8m^3$，在与台格庙煤矿重叠区的探明储量约 $453.5\times10^8m^3$。台格庙煤矿总地质资源量 14425.79×10^6t。矿区共划分为 6 个井田，矿区规划产能建设总规模 $85.0\times10^6t/a$，在南部矿权重叠区，设计产建能力 $30\times10^6t/a$。

（1）天然气分布情况。

赋存层位：上古生界、下古生界。气藏埋深：2000~4000m。

（2）煤炭开发层位赋存情况。

赋存层位：侏罗系延安组。矿层埋深：500~1500m。主采煤层位于延安组第二岩段上部，3 煤组的顶部，勘查区基本全区发育。钻孔揭露煤层自然厚度为 0.31~6.19m，平均厚约 2.75m；可采厚度为 0.80~6.19m，平均厚约 2.98m。该煤层结构简单，一般不含夹矸，仅局部含 1~2 层夹矸。

2. 协调开发工艺技术优选

1）采气技术

（1）三维地震综合预测技术。

采用三维地震综合预测技术保证煤层强反射影响地震分辨率和深度域反演精度，能够解决储层含气性预测难度大的问题，使含气性预测吻合率和水平井平均砂岩钻遇率均达到 90% 以上。

（2）水平井开发技术。

在水平井开发中，运用水平轨迹优化设计与跟踪调整技术，建立同砂体共生模式下的水平井设计原则和轨迹设计方法，可以保证水平井较高的砂岩和显示层钻遇率（图 5-31）。

（3）丛式井技术。

丛式井技术采用全三维丛式水平井整体开发方式（图 5-32），可有效动用资源，更有利于减少开发占地面积、保护生态环境。

（4）地面集输工艺。

实施地面集输工艺时，集气站设置在预留煤柱上方，单井集气管线采用串联方式布置于煤柱上方。

2）采煤技术

台格庙煤矿新街一井初期开发层主要为 2^1 号、3^1 号煤层，工作面走向长度为 4150m，倾向长度为 320m，煤层厚度大多小于 3.5m，属于薄煤层或中厚煤层，适合采用综合机械化一次采全高开发工艺。

图 5-31　大牛地气田水平井钻井技术

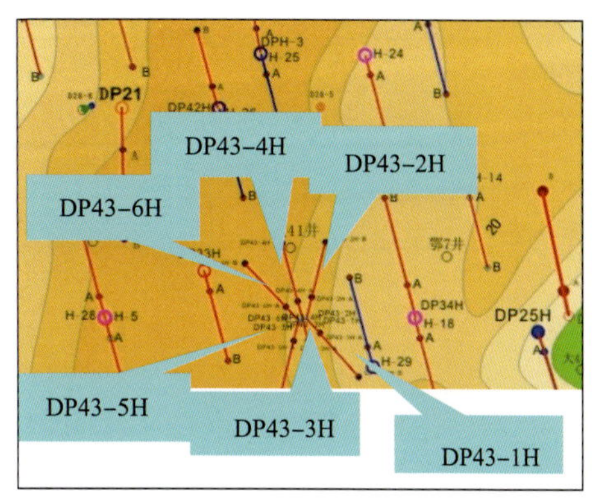

图 5-32　大牛地气田水平井井组

3. 协调开发平面布局优化

1）平面布局优化技术路线

合理地调整油气与煤炭开发作业避让距离（井场保护边界与煤矿采掘工作面边界的水平距离）是平面布局优化的关键。确定避让距离时，需要同时考虑地表建筑物沉陷情况和地下管道受力变形情况，然后建立模型进行计算。在资料较为齐全的情况下，可以计算得到合理的避让距离；在资料不足的情况下，可以参考一些经验数据进行设计。平面布局优化技术路线如图 5-33 所示。

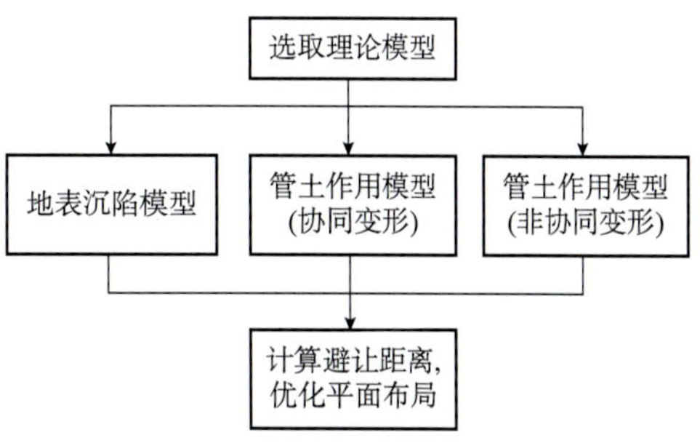

图 5-33　平面布局优化技术路线

2）避让距离计算模型选取

采空区发生塌陷时，对地表油气设施的破坏主要表现为设施变形破坏，对地下油气设施的破坏主要表现为岩层应力结构变化导致地下油气设施受到新增拉力、剪切力作用。因此，需要建立的计算模型包括地表沉陷模型、管土相互作用模型两大类。

（1）地表沉陷模型。

采用开发沉陷模型的主要目的是判断煤矿采空区地表沉陷范围。作为开发沉陷的研究主体岩体，由于上覆岩层中存在断层和节理裂隙等结构面，因而具有非连续的特点，在岩层运动过程中，介质的连续性受到破坏，介质单元之间原有的联系关系也发生了变化，根据随机颗粒体介质模型可知，单元相互分离的同时会发生相对运动（图 5-34）。

在模型中，岩层中的岩土颗粒体介质是一种随机介质，颗粒介质的运动用颗粒体的随机移动来表征，并把大量颗粒体的移动看作随机过程。

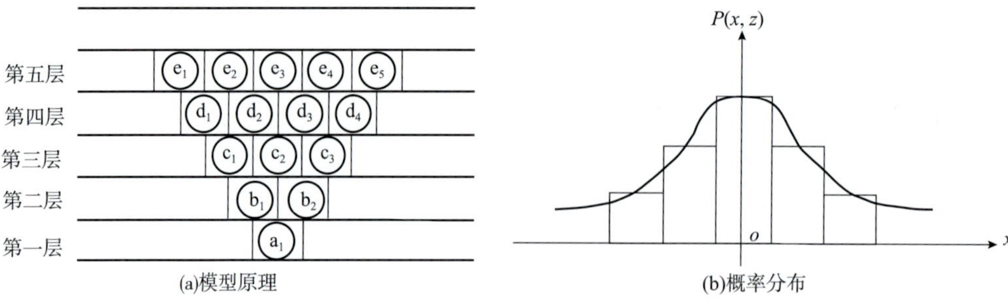

图 5-34　随机颗粒体介质模型

经推导，地表任意一点在 x 方向和 y 方向的下沉值（w）为：

$$w(x,y)=w_0\cdot C_x\cdot C_y=m\cdot q\cdot\cos\alpha\cdot C_x\cdot C_y \tag{5-7}$$

$$C_x=\frac{1}{\sqrt{\pi}}\left(\int_0^{\sqrt{\pi}\frac{x}{r}}e^{-\lambda^2}\mathrm{d}\lambda-\int_0^{\sqrt{\pi}\frac{x-l}{r}}e^{-\lambda^2}\mathrm{d}\lambda\right)$$

$$C_y=\frac{1}{\sqrt{\pi}}\left(\int_0^{\sqrt{\pi}\frac{y}{r_1}}e^{-\lambda^2}\mathrm{d}\lambda-\int_0^{\sqrt{\pi}\frac{y-L}{r_2}}e^{-\lambda^2}\mathrm{d}\lambda\right)$$

式中，m 为采出煤层厚度，m；q 为地表下沉系数；α 为煤层倾角，(°)；C_x、C_y 分别为走向和倾向主断面上投影点处的下沉分布系数；L、l 分别为采区拐点平移后走向方向及倾斜方向在地表的开发宽度，m；r、r_1、r_2 分别为走向、下山、上山的主要影响半径，m。

（2）管土相互作用模型。

管道沿线土体沉陷演变过程中，埋地管道与管周土可能会发生协调下沉和非协调下沉。在采动沉陷变形初期，埋地管道随管周土体协调下沉；随着沉陷的加剧，管周土体下沉量逐渐大于管道下沉量，埋地管道与管周土发生非协调下沉，且非协调下沉区会随着沉陷范围及沉陷量的增大而扩大。

以管线方向为 x_1 轴，垂直方向为 z_1 轴，沉陷区管道上距离原点为 l 的任意一点处，管道受到的上覆土层重力为 q_s，管道及介质重力为 q_g（图 5-35）。根据弯矩理论，可以得到协同变形与非协同变形的临界状态方程：

$$EI\frac{\mathrm{d}^4w}{\mathrm{d}l^4}=q_s+q_g \tag{5-8}$$

式中，E 为埋地管的弹性模量；I 为管道截面惯性矩；w 为埋地管道垂直挠度，当埋地管道与地表为协同弯曲下沉时，w 为管道任意一点处对应的地表下沉值。

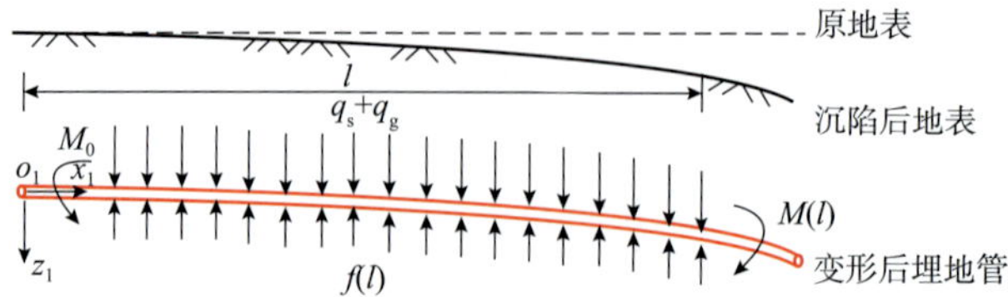

图 5-35　埋地管道与地表协调下沉变形下的受力简略图

3）避让距离计算

围绕上述基本模型，国内研究人员开展过大量相关研究。余娟针对某天然气站场管道进行了沉降理论分析，结合交界处变形情况探讨了沉降量与管道应力的关系。王晓霖基于概率积分法预测了开发沉陷区地表变形情况，建立了沉陷区任意位置埋地管道的力学分析模型和解析计算方法，开发了采空沉陷区管道应力变形分析软件，为矿区管道的强度设计和安全评定提供了便利工具。王鸿等研究了采空区地表移动对埋地管线的影响，通过对比移动盆地的最大沉降值与管线允许的最大沉降值，初步判定了管线的安全状态。

综合上述分析可知，在同时考虑地表沉陷对地表设施的影响和沉陷对地下管道影响的情况下，存在协调开发合理避让距离。在设计的前期阶段，可以先从地表沉陷对地表设施影响的角度确定避让距离。新街一井合理避让距离的计算结果如下：

开发顺序为先回采 2^1 号煤层，然后开发 3^1 号煤层，当两个煤层开发完成后，地表最大下沉量为7.166m，切眼侧沉降区域长度为301m，顺槽侧沉降区域长度为300m。参考葫芦素煤矿、大柳塔煤矿等地质情况类似区域的模拟误差范围，确定模拟误差约为 ±50m，此时，避让距离为350m（图5-36）。

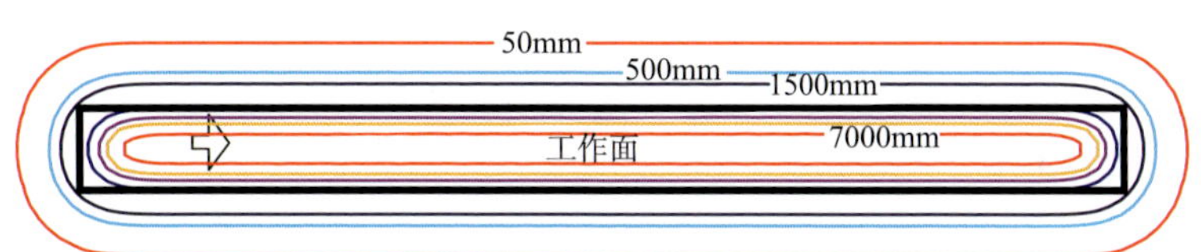

图5-36 新街一井 2^1 号煤层、3^1 号煤层开发后地表沉降等值曲线

4）平面布局设计

结合煤矿开发需求，当地下气藏分布较均匀时，可以采用条带开发方式进行天然气与煤炭的协调开发。此时，天然气开发采用线状布井，在天然气布井的井连线线中间留足煤矿回采工作面，部分区域布置井组。在此情况下，大牛地气田可部署水平井42口（开发井29口，评价井13口）。

具体平面设计如图5-37所示。协调开发区东西、南北两个方向长度的约12km，水平井段东西向布置，井场（图5-37中红点位置，含两井式井组井场）东西方向间距3km，南北方向间距1.7km。井场工作区宽度为200m，避让距离（红色矩形和绿色矩形中间距离）为350m，地上管道沿井场工作区竖向布置。

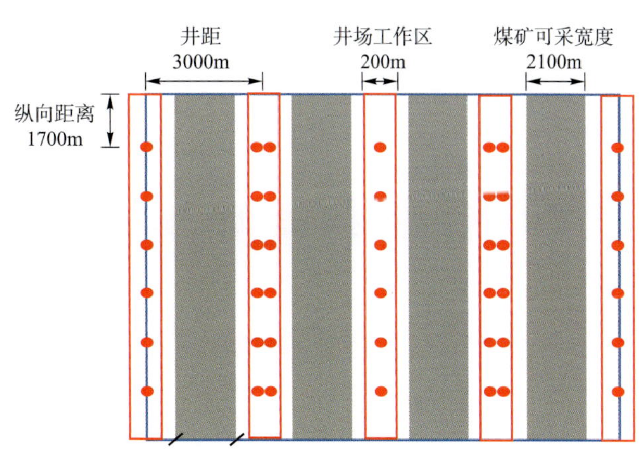

图5-37 天然气、煤炭协调开发施工平面设计示意图

空间设计如图 5-38 所示，在井场工作面范围和保护煤柱上方的梯形岩层建立油气走廊。钻井沿着油气走廊中部钻入地层，钻井垂直深度范围为 2700~3000m，水平段长度为 1000m。煤矿 2^1 号煤层平均深度为 637m，3^1 号煤层平均深度为 685m。煤矿布置工作面时，应在油气走廊下方预留好保护煤柱。

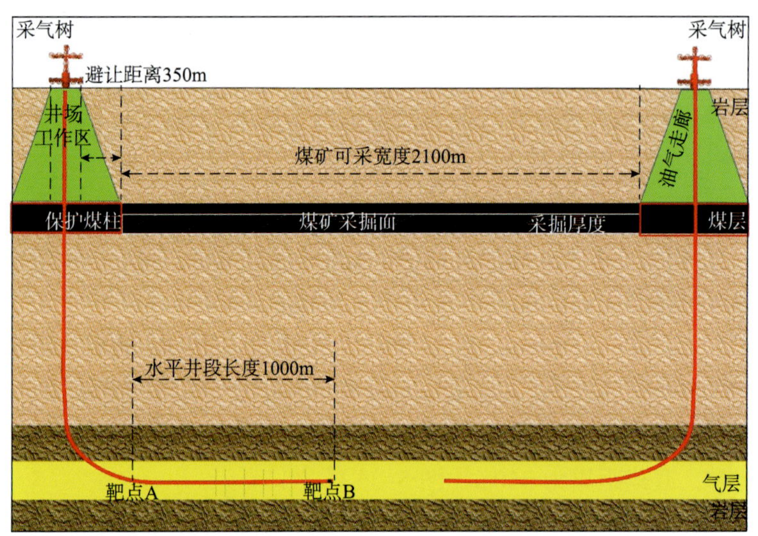

图 5-38 天然气、煤炭协调开发施工空间设计示意图

第 6 节 石油、煤炭协调开发优化方案

1. 方案选区概况

1）地理位置

石油、煤炭协调开发优化方案在应用时选取了位于鄂尔多斯盆地东部的安塞油田 - 煤矿（子长县）协调开发区，该区东西、南北两个方向长度各约 10km，面积约 $100km^2$。

2）资源赋存情况

安塞油田是典型的特低渗油田，设计主要生产层位为三叠系延长组长 6 油层；煤矿的主要开发层位为侏罗系延安组。

2. 协调开发工艺技术优选

1）开发技术

采油工艺技术和采气类似，包括三维地震综合预测技术、水平井开发技术、丛式井技术及配套地面集输工艺。

2）采煤技术

根据开发区实际煤层厚度，可以选择放顶采煤法或一次采全高采煤法。

3. 协调开发平面布局优化

平面布局优化思路与天然气、煤炭协调开发优化思路相同。

在煤层开发深度为 700m 的区域，避让距离约为 250m（根据岩层移动角判断避让距离）。此时，石油布井采用线状布井，布井连线中间应留足煤矿回采工作面，地表采用井组布置。

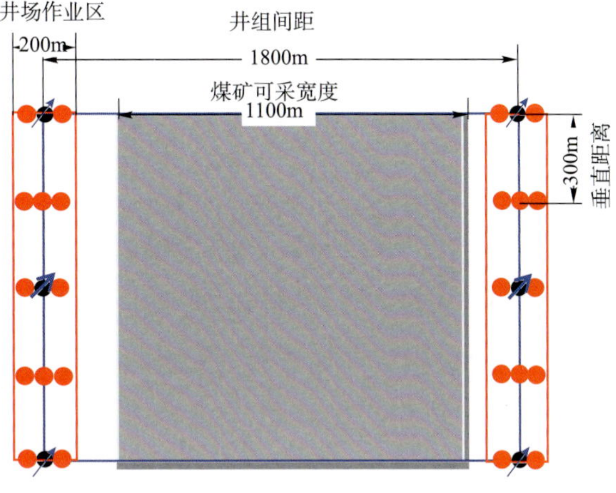

图 5-39　石油、煤炭协调开发平面设计示意图

具体平面设计如图 5-39 所示，油、水井（图 5-39 中，红点表示油井井位、黑点表示注水井井位）垂直距离为 300m；井场工作区宽度为 200m，地上管道沿井场工作区竖向布置，预留煤矿回采工作面（灰色矩形区域）宽度为 1100m。

空间布置如图 5-40 所示，在井场工作面范围和保护煤柱上方的梯形岩层建立油气走廊。钻井沿着油气走廊中部钻入地层，3 口井从同一井场向设计方向钻进。煤矿布置工作面时，应在油气走廊下方预留好保护煤柱。

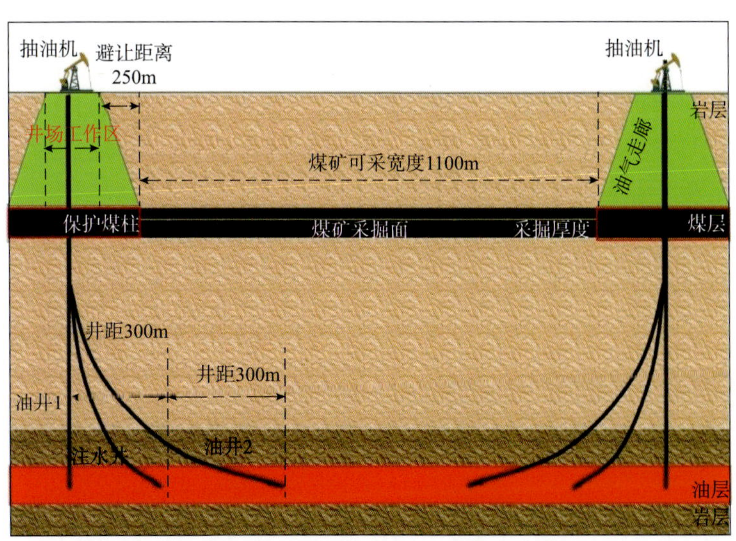

图 5-40　石油、煤炭协调开发空间设计示意图

第 6 章

油气资源开发战略

鄂尔多斯盆地矿产资源十分丰富，战略地位突出，共生能源矿产协调开发利国利企。然而，无序开发所带来的资源量减少和安全风险，是目前面临的主要问题。在安全生产的前提下实现各类资源最大化利用必须遵循 3 个原则：①开发技术持续创新；②落实并完善相关政策制度；③科学规划，注重协调开发。

第 1 节　油气藏与铀矿叠置区开发建议

油气与铀的协调开发区主要位于鄂尔多斯盆地北缘区域。盆地北缘几个地浸型铀矿床具有大型 - 特大型规模，成藏条件苛刻，分布极为局限，全国同类富矿区很少，是国家战略安全、能源经济的储备物资，意义重大，应重点保护。同时，该区发育经济可采性的大型煤矿和大型气田，勘查工作持续已久，开发工作处于准备与试采阶段，开展了大量的基础建设工作，必须注重各种资源协调、兼顾。

用于实际生产的地浸采铀方法主要有酸法、碱法和中性浸出法。由于酸法浸出和碱法浸出都会对土壤 pH 值造成一定影响，造成环境污染，因此，建议推广使用对环境和对其他矿种开发无害的中性浸出法。

另外，建议充分将油气开发成果数据用于铀矿开发中。由于油气钻井深度大，测井系列项目全，分辨能力强，其中，放射性伽马测井和伽马能谱测井能很好地识别铀矿化地层的含铀性，能有效帮助勘查铀矿的区域分布与层位分布情况。杭锦旗地区柴登壕铀矿，就是通过天然气探井首先发现铀矿，并由中国石化与中核集团合作勘查、成功开发的一个范例。

第 2 节　油气藏与煤矿叠置区开发建议

油气与煤炭的协调开发区分布较广，主要位于鄂尔多斯盆地北缘、北部、南部和西南缘 4 个地区。这些地区广泛分布的大型优质煤田和大型油气田，是国家、地方经济发展的重要支柱，关乎国计民生。因此，协调开发，快速建产和实现经济利益最大化势在必行。在这些区域，铀矿分布极为零星，缺乏形成大铀矿床的条件，因此，在加强零星铀矿点勘查与资料获取工作的同时，建议将协调开发的重点放在解决油气藏和浅部煤层的开发矛盾方面。

（1）开展油气与煤炭协调开发相关技术研究，在重叠区建立油气走廊，实现油气与煤炭共采。

开展协调开发区上覆岩层稳定规律研究，设置油气与煤炭协调开发合理边界，建立油气开发通道；开展煤层塌陷区加固技术研究，以保护现有的地面设施；开展天然气管道柔性复合材料在协调开发区应用技术研究，以及采空区天然气钻孔施工和开发的关键技术研究；开展油气田长停井、废弃井处理技术研究，从而有利于两种资源的开发。

（2）加强地下管线妥善处置工作。

对于已有油气集输管道架设在煤矿上部的情况，煤矿企业应避开开发。如果该情况对采煤作业影响较大，则油气、煤炭开发双方可商议将油气集输管线改线。

（3）推广“泥浆不落地”、钻井岩屑矿坑填埋等保护环境的专有技术，降低环境污染风险。

一些环境保护转油技术可以降低环境污染风险，在实践过程中应大力推广。如钻井产生的废弃岩屑可直接拉运至煤矿进行矿坑填埋，这样既可以实现煤矿回填开发，还可以解决油气田固废处置问题，实现固废资源化利用。

参考文献

[1] 杨文蕙，贾志鑫．陕北三叠纪煤田瓦窑堡组煤质特征及利用浅析［J］．陕西煤炭，2013，32（06）：132–133+122.

[2] 田野，李智学，邵龙义，等．鄂尔多斯盆地上三叠统瓦窑堡组层序地层及聚煤特征研究［J］．中国煤炭地质，2011，23（08）：13–17+27.

[3] 王双明．鄂尔多斯盆地构造演化和构造控煤作用［J］．地质通报，2011，30（04）：544–552.

[4] 赵军龙，谭成仟，刘池洋．鄂尔多斯盆地铀富集分布的影响因素分析［J］．地质学报，2009，83（02）：158–165.

[5] 侯光才，梁永平，尹立河，等．鄂尔多斯盆地地下水系统及水资源潜力［J］．水文地质工程地质，2009，36（01）：18–23.

[6] 顾广明，李小彦，晋香兰．鄂尔多斯盆地优质煤资源分布及有利区块［J］．地球科学与环境学报，2006（04）：26–30.

[7] 付锁堂，田景春，陈洪德，等．鄂尔多斯盆地晚古生代三角洲沉积体系平面展布特征［J］．成都理工大学学报（自然科学版），2003（03）：236–241.

[8] 姚素平，张景荣，王可仁，等．鄂尔多斯盆地延安组煤有机岩石学研究［J］．沉积学报，1999（02）：126–135.

[9] 王双明，张玉平．鄂尔多斯侏罗纪盆地形成演化和聚煤规律［J］．地学前缘，1999（S1）：147–155.

[10] 中华人民共和国国土资源部．中国矿产资源报告（2015）［M］．北京：地质出版社，2015.

[11] 王东东．鄂尔多斯盆地中侏罗世延安组层序—古地理与聚煤规律［D］．北京：中国矿业大学（北京），2012.

[12] 刘建强，迟乃杰，从培章，等．煤系共伴生矿产定义内涵及分类［J］．山东国土资源，2015，31（09）：30–34.

[13] 展翅飞，黄光辉，展宏图，等．鄂尔多斯盆地东部上古生界煤系环境研究［J］．长江大学学报（自科版），2014，11（02）：24–26+5.

[14] 杨华，张文正，刘显阳，等．优质烃源岩在鄂尔多斯低渗透富油盆地形成中的关键作用［J］．地球科学与环境学报，2013，35（04）：1–9.

[15] 赵靖舟，付金华，姚泾利，等．鄂尔多斯盆地准连续型致密砂岩大气田成藏模式［J］．石油学报，2012，33（S1）：37–52.

［16］接铭训．鄂尔多斯盆地东缘煤层气勘探开发前景［J］．天然气工业，2010，30（06）：1-6+121.

［17］宋洪柱，袁同星．河北南部石炭—二叠纪煤层气烃源岩特征［J］．中国煤炭地质，2009，21（12）：15-18.

［18］蔺宏斌，侯明才，陈洪德，等．鄂尔多斯盆地上三叠统延长组沉积体系特征及演化［J］．成都理工大学学报（自然科学版），2008，35（06）：674-680.

［19］张培河．低变质煤的煤层气开发潜力——以鄂尔多斯盆地侏罗系为例［J］．煤田地质与勘探，2007（01）：29-33.

［20］刘池洋，赵红格，桂小军，等．鄂尔多斯盆地演化－改造的时空坐标及其成藏（矿）响应［J］．地质学报，2006（05）：617-638.

［21］张润合，郑兴平，徐献高，等．鄂尔多斯盆地上三叠统延长组四、五段泥岩生烃潜力评价［J］．西安石油学院学报（自然科学版），2003（02）：9-13+5.

［22］冯三利，叶建平，张遂安．鄂尔多斯盆地煤层气资源及开发潜力分析［J］．地质通报，2002（10）：658-662.

［23］付金华，段晓文，姜英昆．鄂尔多斯盆地上古生界天然气成藏地质特征及勘探方法［J］．中国石油勘探，2001（04）：68-75.

［24］付金华，段晓文，席胜利．鄂尔多斯盆地上古生界气藏特征［J］．天然气工业，2000（06）：16-19+9.

［25］郭英海，刘焕杰．陕甘宁地区晚古生代沉积体系［J］．古地理学报，2000（01）：19-30.

［26］张泓，何宗莲．鄂尔多斯盆地构造演化及成煤作用［M］．北京：地质出版社，2005.

［27］李振宏，席胜利，刘新社．鄂尔多斯盆地上古生界天然气成藏［J］．世界地质，2005，24（2）：105-111.

［28］杨华．鄂尔多斯盆地三叠系延长组沉积体系及含油性研究［D］．成都：成都理工大学，2004.

［29］张松航. 鄂尔多斯盆地东缘煤层气储层物性研究［D］．北京：中国地质大学（北京），2008.

［30］高举．煤层气开采工艺技术［J］．中国石油石化，2016（S2）：214.

［31］苗濛．煤层气开采技术探讨［J］．化工管理，2013（22）：216-217.

［32］王晓霖，帅健，张建强．开采沉陷区埋地管道力学反应分析［J］．岩土力学，2011，32（11）：3373-3378+3386.

［33］郭庆银，李子颖，于金水，等．鄂尔多斯盆地西缘中新生代构造演化与铀成矿作用［J］．铀矿地质，2010，26（03）：137-144.

［34］杨伟利，王毅，土传刚，等．鄂尔多斯盆地多种能源矿产分布特征与协同勘探［J］．地质学报，2010，84（04）：579-586.

［35］刘名阳．煤矿采空影响区油气管道的危险性评价［D］．西安：西安科技大学，2009.

［36］李侃曹，刘宏军．鄂尔多斯盆地南部延安期成煤环境类型及演化［J］．陕西煤炭，2008（04）：33-34.

［37］王鸿，张弥，常怀民．采空区地表移动盆地对埋地管道的影响分析［J］．石油工程建设，2008（02）：23-26+84.

［38］杨华，刘显阳，张才利，等．鄂尔多斯盆地三叠系延长组低渗透岩性油藏主控因素及其分布规律［J］．岩性油气藏，2007（03）：1–6.

［39］任战利，张盛，高胜利，等．鄂尔多斯盆地构造热演化史及其成藏成矿意义［J］．中国科学（D辑：地球科学），2007（S1）：23–32.

［40］李增学，韩美莲，李江涛，等．鄂尔多斯盆地多种能源矿产共存富集形式及沉积控制［J］．山东科技大学学报（自然科学版），2006（04）：18–21.

［41］夏义平，徐礼贵，郑良合，等．鄂尔多斯盆地西缘逆冲断裂带构造特征及油气勘探方向［J］．中国石油勘探，2005（05）：21–27+80+6.

［42］汪正江，张锦泉，陈洪德．鄂尔多斯盆地晚古生代陆源碎屑沉积源区分析［J］．成都理工学院学报，2001（01）：7–12.

［43］李良，袁志祥，惠宽洋，等．鄂尔多斯盆地北部上古生界天然气聚集规律［J］．石油与天然气地质，2000（03）：268–271+282.

［44］王少昌．鄂尔多斯盆地东缘上古生界煤成气初探［J］．天然气工业，1983（02）：1–5.

［45］陈庭根，管志川．钻井工程理论与技术［M］．东营：中国石油大学出版社，2000.

［46］郝蜀民，陈召佑，王志章．鄂尔多斯盆地大牛地气田致密砂岩气藏勘探与开发关键技术［M］．北京：石油工业出版社，2014.

［47］吴韶艳，文宝萍．采空区埋地油气管道变形数值模拟分析［J］．安全与环境学报.2014，14(4)：87–91.

［48］煤炭科学研究院北京开采所．煤矿地表移动与覆岩破坏规律及其应用［M］．北京：煤炭工业出版社，1981.

［49］何国清，杨伦．矿山开采沉陷学［M］．徐州：中国矿业大学出版社，1994.

［50］刘全林．埋地管与图相互作用分析模型及其参数确定［J］．岩土力学，2004，26（5）：728–731.

［51］李斌，毕岐，罗青梅，等，长庆安塞油田采油工艺现状与发展趋势［J］．江汉石油职工大学学报，2007，20（4）：37–40.

［52］袁亮，淮南矿区煤矿煤层气抽采技术［J］．中国煤层气，2006，3（1）：7–9.